辽宁盘锦河口滨海湿地
高等植物监测图志

LIAONING PANJIN HEKOU BINHAI SHIDI
GAODENG ZHIWU JIANCE TUZHI

邢庆会　刘长安　主　编
韩广轩　程　浩　副主编

海洋出版社
2022年·北京

图书在版编目（CIP）数据

辽宁盘锦河口滨海湿地高等植物监测图志 / 邢庆会，
刘长安主编. — 北京 : 海洋出版社, 2022.12
ISBN 978-7-5210-1017-6

Ⅰ. ①辽… Ⅱ. ①邢… ②刘… Ⅲ. ①海滨－沼泽化
地－高等植物－植物监测－辽宁－图集 Ⅳ. ①X835-64

中国版本图书馆CIP数据核字(2022)第194046号

责任编辑：项　翔　蔡亚林
责任印制：安　淼

海洋出版社 出版发行
http://www.oceanpress.com.cn
北京市海淀区大慧寺路 8 号　邮编：100081
鸿博昊天科技有限公司印刷　新华书店北京发行所经销
2022年12月第1版　2022年12月第1次印刷
开本：787mm × 1092mm　1 / 16　印张：13
字数：333千字　定价：138.00元
发行部：010-62100090　邮购部：010-62100072　总编室：010-62100034

《辽宁盘锦河口滨海湿地高等植物监测图志》编委会

主　编： 邢庆会　刘长安

副主编： 韩广轩　程　浩

编　委：（按照姓氏排名）

陈　阳　初小静　贾庆宇　雷　威　李　飞

李　静　李少文　邢宪文　许道艳　张传奇

周胜玲

前　言

滨海湿地具有蓄水防洪、调节气候、净化环境、提供水源等重要功能，也是宝贵的物种基因库，对人类社会的可持续发展发挥着重要作用。滨海湿地因处于海陆过渡地带，深受气候变化及人类活动的影响，成为自然生态环境脆弱的一环，不同区域滨海湿地植物的物种丰富度等指标可以直接反映湿地的生态环境状况。

辽河从辽河平原上逶迤而来，是我国东北地区南部最大河流，它携带丰富的矿物质在渤海辽东湾北部的辽宁盘锦入海，经过亿年的冲刷与积淀，孕育了我国最北端的盘锦河口滨海湿地，其在全球河口湿地生态系统中极具代表性。盘锦河口滨海湿地西起大凌河，东到大辽河。河海交汇的地理环境造就了盘锦浩瀚千里的亚洲最大芦苇湿地，孕育了盐地碱蓬织就的“天下奇观”红海滩，盘锦被誉为中国“湿地之都”“鹤乡”“鱼米之乡”。盘锦境内自然湿地总面积约 15.9 万公顷，为保护湿地生态系统及其珍稀水禽，我国批建了总面积超过 8 万公顷的辽宁辽河口国家级自然保护区，开展了大规模的清退围海养殖的“退养还湿”工程，盘锦辽河口滨海湿地生态环境得到了较为有效的保护与恢复。

编者在盘锦滨海湿地进行了多年湿地资源野外考察和科学研究，踏遍了辽宁盘锦河口滨海湿地，拍摄了诸多植物物种照片，汇编成书。盘锦河口滨海湿地植被优势物种为芦苇和盐地碱蓬，芦苇生境包括自然芦苇湿地和芦苇塘，盐地碱蓬连片带状分布在沿海滩涂。

本书以彩色图谱与文字的形式，收录了辽宁盘锦河口滨海湿地 180 余种高等植物，分属 47 科 138 属，大部分为野生种，少量为人工湿地的栽培种或入侵种。物种介绍包括中文名、学名（拉丁名）、别名、科名、属名、识别特征、分布与生境、价值等方面，识别特征从植物的生活型、株、茎、叶、花、果实、种子、根、花果期等方面识别。每一个物种都尽可能选取生境、植株（个体）以及关键鉴定特征等多张照片。物种按照蕨类植物、裸子植物、被子植物进行排序。本书内容翔实，图文并茂，集科学性、知识性、观赏性于一体，可供植物学、林学、生态学、中药学、环境科学、生物多样性、自然保护区等专业的院校师生和科研管理人员参考使用。

本书编写由国家海洋环境监测中心邢庆会博士主持，中国科学院烟台海岸带研究所、辽宁省盘锦生态环境监测中心等单位共同参加完成。在植被调查监测过程中得到了国家环境保护海洋生态环境整治修复重点实验室、辽宁省科学技术协会及山东省海洋生态修复重点实验室的支持，特此致谢。感谢辽宁辽河口国家级自然保护区的大力支持；感谢中国科学院植物研究所蒋延玲老师、鲁东大学王雪宏老师和中国科学院东北地理与农业生态研究所刘波老师对本书审校工作的辛勤付出；感谢姜桥对野外工作的大力支持。

由于编写时间较匆忙及编者水平有限，书中所述难免有疏漏、错误之处，敬请读者见谅并不吝指正。

国家海洋环境监测中心 邢庆会

2022 年 1 月

目　录

蕨类植物门

裸子植物门

被子植物门

辽宁盘锦河口滨海湿地高等植物监测图志

蕨类植物门

凤尾蕨科 Pteridaceae

水蕨 *Ceratopteris thalictroides*

别名：龙须菜、龙牙草、水芹菜

属名：水蕨属

识别特征：

株：高达 70 cm。植株幼嫩时呈绿色，多汁柔软，由于水湿条件的不同，形态差异很大。

茎：根茎短而直立。

叶：簇生，二型；不育叶柄长 3 ～ 40 cm，径 1 ～ 1.3 cm，绿色，圆柱形，肉质，不或略膨胀，无毛，干后扁；叶片直立，或幼时漂浮，幼时略短于能育叶，窄长圆形，长 6 ～ 30 cm，渐尖头，基部圆楔形，2 ～ 4 回羽状深裂；小裂片 5 ～ 8 对，互生，斜展，疏离，下部 1 ～ 2 对羽片长达 10 cm，卵形或长圆形，渐尖头，基部近圆、心形或近平截，1 ～ 3 回羽状深裂；小裂片 2 ～ 5 对，互生，斜展，分开或接近，宽卵形或卵状三角形，长达 35 cm，渐尖、尖或圆钝头，基部圆截形，具短柄，两侧具翅沿羽轴下延，深裂；末回裂片线形或线状披针形，长达 2 cm。

果：孢子囊沿主脉两侧的网眼着生，稀疏，棕色，幼时被反卷叶缘覆盖，成熟后多少张开，露出孢子囊。孢子四面型，无周壁，外壁厚，分内外层，外层具肋条状纹饰。

分布与生境：分布于东北、华北、西北等地。生于池沼、水田或水沟的淤泥中，有时漂浮于深水面上。

价值：茎叶入药，可治胎毒、消痰积；嫩叶作菜肴。

裸子植物门

松科 Pinaceae

马尾松 *Pinus massoniana*

别名：枞松、山松、青松

属名：松属

识别特征：

株：常绿乔木，高达 40 m，胸径 1 m。

茎：树皮红褐色，下部灰褐色，裂成不规则的鳞状块片。

枝：平展或斜展，树冠宽塔形或伞形，枝条每年生长 1 轮，稀 2 轮；一年生枝淡黄褐色，无白粉；冬芽褐色，圆柱形。

叶：针叶 2 针一束，极稀 3 针一束，长 12 ～ 30 cm，宽约 1 mm，细柔，下垂或微下垂，两面有气孔线，边缘有细齿，树脂道 4 ～ 8，背面边生，叶鞘初呈褐色，后渐变成灰黑色。

花：雄球花淡红褐色，圆柱形，弯垂，长 1 ～ 1.5 cm，聚生于新枝下部苞腋，穗状，长 6 ～ 15 cm；雌球花单生或 2 ～ 4 个聚生于新枝近顶端，淡紫红色。

果：球果卵圆形或圆锥状卵圆形，长 4 ～ 7 cm，径 2.5 ～ 4 cm，有短柄，熟时栗褐色，种鳞张开，陆续脱落；中部种鳞近矩圆状倒卵形，或近长方形，长约 3 cm；鳞盾菱形，微隆起或平，横脊微明显，鳞脐微凹，无刺，稀生于干燥环境时有极短的刺。

种子：卵圆形，长 4 ～ 6 mm，连翅长 2 ～ 2.7 cm；子叶 5 ～ 8 枚。

花果期：花期 4—5 月，果期 10—12 月。

分布与生境：多分布于华中、华南等地。生于山坡石砾质草地、草原、沙丘及沿河流两岸的砂地。

价值：荒山造林先锋树种；是工农业生产的重要材料，主要用于建筑、枕木、矿柱、制板、包装箱、家具及木纤维工业原料等；松脂为医药、化工原料；树干及根部可培养茯苓、蕈类，供中药及食用；树皮可提取栲胶。

油松 *Pinus tabuliformis*

别名：短叶松、短叶马尾松、红皮松、东北黑松

属名：松属

识别特征：

株：常绿乔木，高达 25 m，胸径可超过 1 m 以上。

茎：树皮灰褐色或褐灰色，裂成不规则较厚的鳞状块片，裂缝及上部树皮红褐色。

枝：大枝平展或斜向上，老树树冠平顶；一年生枝较粗，淡红褐或淡灰黄色，无毛，幼时微被白粉；冬芽圆柱形，红褐色，微具树脂，边缘有丝状缺裂。

叶：针叶 2 针一束，深绿色，粗硬，长 10 ～ 15 cm，径约 1.5 mm，边缘有细锯齿，两面具气孔线；横切面半圆形，二型层皮下层；叶鞘初呈淡褐色，后呈淡黑褐色。

花：雄球花圆柱形，长 1.2 ～ 1.8 cm，在新枝下部聚生成穗状。

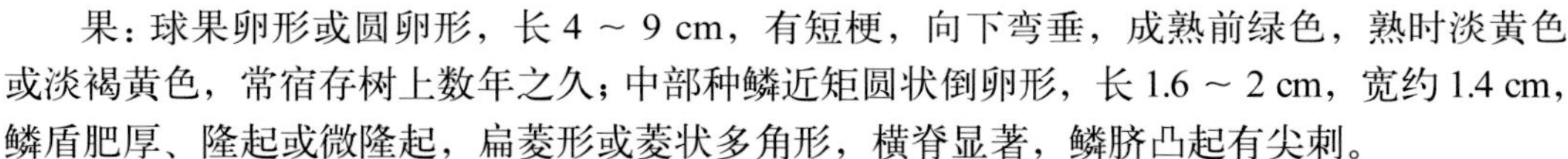

果：球果卵形或圆卵形，长 4 ～ 9 cm，有短梗，向下弯垂，成熟前绿色，熟时淡黄色或淡褐黄色，常宿存树上数年之久；中部种鳞近矩圆状倒卵形，长 1.6 ～ 2 cm，宽约 1.4 cm，鳞盾肥厚、隆起或微隆起，扁菱形或菱状多角形，横脊显著，鳞脐凸起有尖刺。

种子：卵圆形或长卵圆形，淡褐色有斑纹，长 6 ～ 8 mm，径 4 ～ 5 mm，连翅长 1.5 ～ 1.8 cm；子叶 8 ～ 12 枚，长 3.5 ～ 5.5 cm ；初生叶窄条形，长约 4.5 cm，先端尖，边缘有细锯齿。

花果期：花期 4—5 月，果期翌年 10 月。

分布与生境：我国特有物种，分布于吉林南部、辽宁、河北、河南、山东、山西、内蒙古、陕西、甘肃、宁夏、青海及四川等地。阳性树种，多生长于土层深厚、排水良好的酸性、中性或钙质黄土上。

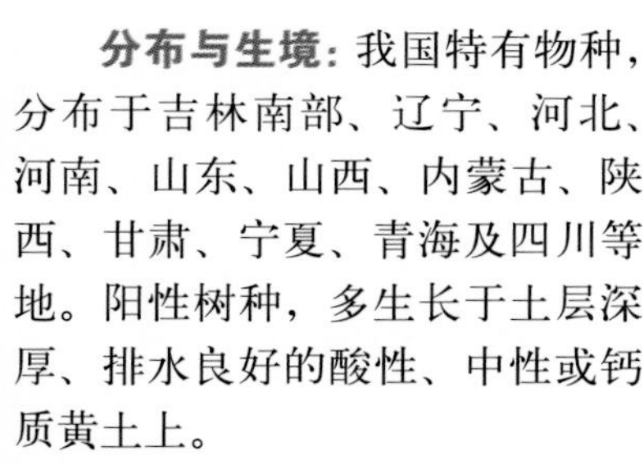

价值：建筑、电杆、矿柱、造船、器具、家具及木纤维工业等用材；树干可割取树脂，提取松节油；树皮可提取栲胶；松节、松针、花粉均供药用。

云杉 *Picea asperata*

别名：白松、大果云杉、大云杉

属名：云杉属

识别特征：

株：常绿乔木，高达 45 m，胸径达 1 m。

茎：树皮淡灰褐色或淡褐灰色，裂成稍厚的不规则鳞状块片脱落。

枝：小枝疏生或密被短毛，稀无毛；一年生枝淡褐黄、褐黄、淡黄褐或淡红褐色，叶枕有明显或不明显的白粉；二三年生时灰褐色，褐色或淡褐灰色；基部宿存芽鳞反曲；冬芽圆锥形，有树脂。

叶：四棱状条形，在小枝上面直展、微弯；下面及两侧之叶上弯，长 1 ～ 2 cm，先端微尖或急尖；横切面四菱形，四面有粉白色气孔线，上两面各有 4 ～ 8 条，下两面各有 4 ～ 6 条。

果：球果圆柱状长圆形，长 5 ～ 16 cm，径 2.5 ～ 3.5 cm，上端渐窄；熟前绿色，熟时淡褐或褐色。

种子：倒卵圆形，长约 4 mm，连翅长约 1.5 cm。

花果期：花期 4—5 月，果期 9—10 月。

分布与生境：我国特有树种，多分布于陕西、甘肃等地。稍耐荫，能耐干燥及寒冷的环境条件。

价值：电杆、枕木、建筑、桥梁、乐器、滑翔机等用材；造纸原料；树干可割取松脂；根、茎、枝桠及叶均可提取芳香油；树皮可提取栲胶。

柏科 Cupressaceae

圆柏 *Juniperus chinensis*

别名：珍珠柏、红心柏

属名：刺柏属

识别特征：

株：常绿乔木。高达 8 m。

茎：树皮深灰色，纵裂，成条片开裂；幼树的枝条通常斜上伸展，形成尖塔形树冠，老树下部大枝平展，形成广圆形的树冠；树皮灰褐色，纵裂，裂成不规则的薄片脱落。

枝：小枝通常直或稍成弧状弯曲，生鳞叶的小枝近圆柱形或近四棱形。

叶：叶二型，刺叶生于幼树之上，老龄树则全为鳞叶，壮龄树兼有刺叶与鳞叶。

花：球花单性，雌雄异株，稀同株；雄球花黄色，椭圆形，长 2.5 ～ 3.5 mm。

果：球果近圆球形，径 6 ～ 8 mm，蓝色，两年成熟，熟时暗褐色，微被白粉，有种子 1 ～ 4 粒。

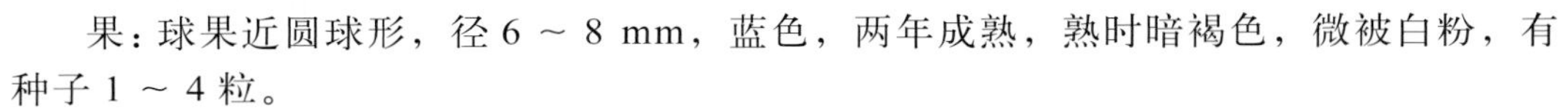

种子：卵圆形，扁，顶端钝，有棱脊及少数树脂槽。

花果期：花期 4 月，翌年 11 月果熟。

分布与生境：分布于全国各地。多生于中性土、钙质土及微酸性土上。

价值：用于园林绿化；建筑、家具等用材；枝叶入药，有活血消肿、利尿等功效；种子可提取润滑油。

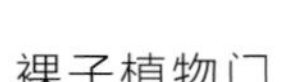

刺柏 *Juniperus formosana*

别名：矮柏木、山杉、台桧、山刺柏

属名：刺柏属

识别特征：

株：常绿乔木。高达 12 m；树皮褐色，纵裂成长条薄片脱落。

枝：斜展或直展，树冠塔形或圆柱形；小枝下垂，三棱形。

叶：三叶轮生，叶线形或线状披针形，长 1.2 ~ 2 cm，稀达 3.2 cm，宽 1 ~ 2 mm，先端渐尖、具锐尖头；上面微凹，中脉隆起，绿色，两侧各有一条白色、稀为紫或淡绿色气孔带，气孔带较绿色边带稍宽，在叶端汇合；下面绿色，有光泽，具纵钝脊；横切面新月形。

花：雄球花圆球形或椭圆形，长 4 ~ 6 mm，药隔先端渐尖，背有纵脊。

果：球果近球形或宽卵圆形，长 6 ~ 10 mm，径 6 ~ 9 mm，熟时淡红或淡红褐色，被白粉或白粉脱落，顶端有 3 条辐射状的皱纹及 3 个钝头，间或顶部微开裂。

种子：3 粒，稀 1 粒，半月形，具 3 ~ 4 棱脊，近基部有树脂槽。

分布与生境：分布于台湾、江苏、安徽、浙江、福建、江西、湖北、湖南、陕西、甘肃、青海、西藏、四川、贵州、云南等地。多散生于林中。

价值：船底、工艺品、文具及家具等用材；园林美化，水土保持造林树种。

侧柏 *Platycladus orientalis*

别名：香柯树、扁桧、香柏、黄柏

属名：侧柏属

识别特征：

株：常绿乔木。高达 20 m，胸径 1 m。

茎：树皮薄，淡灰褐色，纵裂成条片。

枝：枝条向上伸展或斜展，幼树树冠卵状尖塔形，老则广圆形。

叶：生鳞叶的小枝直展，扁平，排成一平面，两面同形；鳞叶二型，长 1 ～ 3 mm，交互对生，背面有腺点。

花：雌雄同株，球花单生枝顶；雄球花黄色，卵圆形，长约 2 mm，雄蕊 6 对，花药 2 ～ 4，长约 2 mm；雌球花近球形，径约 2 mm，蓝绿色，被白粉；珠鳞 4 对，径约 2 mm，仅中部两对珠鳞各具 1 ～ 2 胚珠。

果：球果当年成熟，卵状椭圆形，长 1.5 ～ 2 cm，成熟时褐色；种鳞木质，扁平，厚，背部顶端下方有一弯曲的钩状尖头，最下部 1 对很小，不发育，中部两对发育，各具 1 ～ 2 种子，长达 13 mm。

种子：椭圆形或卵圆形，长 4 ～ 6 mm，稍有棱脊，灰褐或紫褐色，无翅，或顶端有短膜，种脐大而明显；子叶 2，发芽时出土。

花果期：花期 3—4 月，果期 10 月。

分布与生境：分布于全国各地。多为栽种，也有野生在荒坡地。

价值：建筑、器具、家具、农具及文具等用材；种子与生鳞叶的小枝可入药，前者为强壮滋补药，后者为健胃药，又为清凉收敛药及淋疾的利尿药；庭园绿化树种。

辽宁盘锦河口滨海湿地
高等植物监测图志

被子植物门

杨柳科 Salicaceae

新疆杨 *Populus alba* var. *pyramidalis*

别名：白杨、帚形银白杨、新疆银白杨

属名：杨属

识别特征：

株：落叶乔木。高 15 ～ 30 m；树冠窄圆柱形或尖塔形。

茎：树皮灰白或青灰色，光滑少裂。

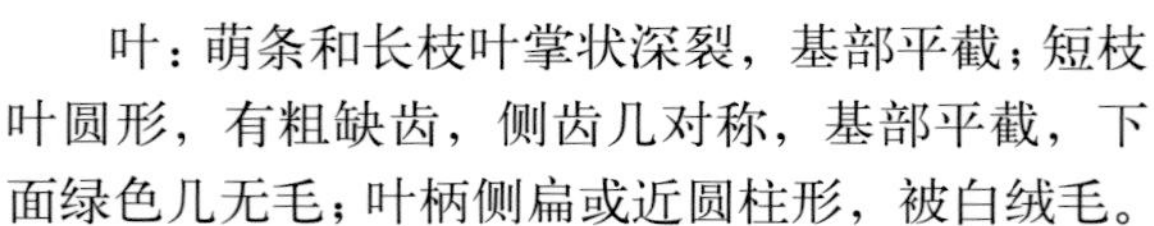

叶：萌条和长枝叶掌状深裂，基部平截；短枝叶圆形，有粗缺齿，侧齿几对称，基部平截，下面绿色几无毛；叶柄侧扁或近圆柱形，被白绒毛。

花：葇荑花序下垂，常先叶开放；雄花序较雌花序稍早开放；雄花序长 3 ～ 6 cm；花序轴有毛，苞片条状分裂，边缘有长毛，柱头 2 ～ 4 裂；雄蕊 5 ～ 20，花盘有短梗，宽椭圆形，歪斜；花药不具细尖；雌花序长 5 ～ 10 cm，花序轴有毛，雌蕊具短柄，花柱短，柱头 2，有淡黄色长裂片。

果：蒴果细圆锥形，长约 5 mm，2 瓣裂，无毛。

花果期：花期 4—5 月，果期 5 月。

分布与生境：分布于我国北部、西部等地区。

价值：建筑、家具、造纸等用材；其落叶是南疆农区牧业冬季重要饲料；农田防护林、速生丰产林、防风固沙林和四旁绿化等重要树种。

垂柳 *Salix babylonica*

别名：柳树

属名：柳属

识别特征：

株：高大落叶乔木。高达 18 m，树冠开展而疏散。

茎：树皮灰黑色，不规则开裂。

枝：细长下垂，无毛，淡褐黄色、淡褐色或带紫色，无毛。

叶：叶窄披针形或线状披针形，长 9 ~ 16 cm，基部楔形，宽 0.5 ~ 1.5 cm，两面无毛或微有毛，下面色淡绿色，有锯齿；叶柄长 0.5 ~ 1 cm，有短柔毛；托叶仅生在萌发枝上，斜披针形或卵圆形，有齿牙。

花：葇荑花序直立或斜展，先叶开放，或与叶同时开放；雄花序长 1.5 ~ 2（3）cm，有短梗，轴有毛；雄蕊 2，花丝与苞片近等长或较长，基部多少有长毛，花药红黄色；苞片披针形，外面有毛；腺体 2；雌花序长达 2 ~ 3（5）cm，有梗，基部有 3 ~ 4 小叶，轴有毛；子房椭圆形，无毛或下部稍有毛，无柄或近无柄，花柱短，柱头 2 ~ 4 深裂；苞片披针形，长约 1.8 ~ 2（2.5）mm，外面有毛；腺体 1。

果：蒴果长 3 ~ 4 mm，带绿黄褐色。

花果期：花期 3—4 月，果期 4—5 月。

分布与生境：分布于长江流域与黄河流域。喜光，喜温暖湿润气候及潮湿深厚的酸性及中性土壤。较耐寒，特耐水湿，但亦能生于土层深厚的高燥地区。

价值：用于园林绿化；木材可供制家具；枝条可编筐；树皮可提制栲胶；叶可作羊饲料。

榆科 Ulmaceae

春榆 *Ulmus davidiana* var. *japonica*

别名：光叶春榆、白皮榆、日本榆

属名：榆属

识别特征：

株：落叶乔木或灌木状。高达 15 m，胸径 30 cm。

茎：树皮纵列，暗灰色。

枝：小枝幼时有毛，当年生枝无毛或多少被毛，有时具有向四周膨大而不规则纵裂的木栓层；冬芽卵圆形，芽鳞背面被覆部分有毛。

叶：叶倒卵形或倒卵状椭圆形，稀卵形或椭圆形，长 4 ~ 9（~ 12）cm，宽 1.5 ~ 4（~ 5.5）cm，边缘有重锯齿，上面暗绿色，有粗硬毛，下面淡绿色，有柔毛；脉腋常有簇生毛，边缘具重锯齿，侧脉每边 12 ~ 22 条；叶柄短，有柔毛。

花：花两性，在去年生枝的叶腋排成簇状聚伞花序。

果：翅果倒卵状椭圆形，长 10 ~ 19 mm，宽 7 ~ 14 mm，无毛；果核位于果实上部，接近凹缺处；宿存花被无毛，裂片 4；果梗被毛，长约 2 mm。

花果期：花果期 4—5 月。

分布与生境：分布于黑龙江、吉林、辽宁、内蒙古、河北、山东、浙江、山西、安徽、河南、湖北、陕西、甘肃及青海等地。生于河岸、溪旁、沟谷、山麓及排水良好的冲积地和山坡。

价值：家具、车辆、建筑等用材；茎、枝制绳、编筐；造林树种。

中华金叶榆 *Ulmus pumila 'Zhong Hua Jin Ye'*

别名：金叶榆

属名：榆属

识别特征：

株：落叶乔木。高可达 20 m 以上；树冠卵圆形或圆球形。

茎：树皮暗灰色，纵裂，粗糙。

枝：幼枝金黄色，细长，排成二列状。

叶：叶互生，卵状长椭圆形，金黄色，色泽艳丽，有自然光泽，长 2 ~ 6 cm，宽 2 ~ 3 cm，比普通白榆叶片稍短，先端尖，基部稍斜，边缘具锯齿；叶脉清晰，质感好。

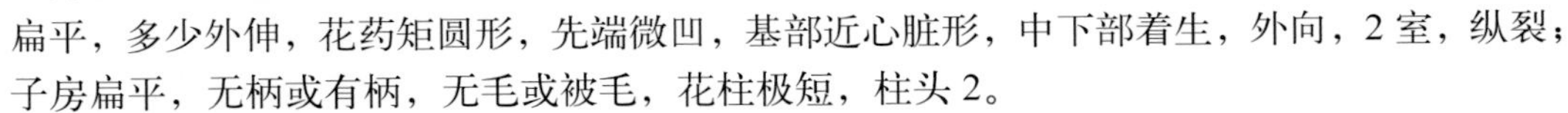

花：花簇生于去年生枝上，先叶或花叶同放；花被钟形，裂片膜质，先端宿存；雄蕊与花被裂片同数而对生，花丝细直，扁平，多少外伸，花药矩圆形，先端微凹，基部近心脏形，中下部着生，外向，2 室，纵裂；子房扁平，无柄或有柄，无毛或被毛，花柱极短，柱头 2。

果：翅果近圆形，果翅膜质；果核位于翅果中部至上部；种子位于果翅中部。

花果期：花期 3—4 月，果期 4—5 月。

分布与生境：分布于东北、华北、西北等地。是榆树的栽培种。阳性树种，喜光稍耐阴。对气候和土壤条件适应性强，分布较为广泛，可生长于沿海湿地。

价值：园林绿化及风景点缀树种。

大麻科 Cannabaceae

葎草 *Humulus scandens*

别名：拉拉秧、拉拉藤、锯锯藤

属名：葎草属

识别特征：

株：一年或多年生攀缘缠绕草本。茎、枝、叶柄均具倒钩刺。

叶：叶纸质，对生，肾状五角形，长宽均 7 ~ 10 cm，5 ~ 7 深裂，裂片卵圆形，上面疏被糙伏毛，下面柔毛及黄色腺体，边缘有粗锯齿；叶柄长 5 ~ 10 cm，有短刺毛。

花：花单性，雌雄异株；雄花小，黄绿色，排列成圆锥花序式的总状花序，雄花 5，花被淡黄绿色；雌花序球果状，苞片纸质，三角形，具白色绒毛，排列成穗状花序。

果：瘦果扁球形，外皮坚硬，有黄褐色的腺点及斑纹，成熟时露出苞片外。

花果期：花期 7—8 月，果期 8—9 月。

分布与生境：我国除新疆、青海外，南北各地均有分布。常生于沟边、荒地、草丛以及林缘。

价值：全草可入药，有清热解毒的功效；作饲料；茎皮造纸；种子可榨油制肥皂。

大麻 *Cannabis sativa*

别名：火麻、野麻、线麻、山丝苗

属名：大麻属

识别特征：

株：一年生直立草本。高 1 ～ 3 m。

茎：茎直立，皮层有纤维。

枝：枝具纵槽，密被灰白平伏毛。

叶：叶互生或下部对生，掌状全裂，上部叶具 1 ～ 3 裂片，下部叶具 5 ～ 11 裂片，裂片披针形或线状披针形，长 7 ～ 15 cm，宽 0.5 ～ 2 cm，先端渐尖，基部窄楔形，上面微被糙毛，下面幼时密被灰白色平伏毛，后脱落，边缘具向内弯的粗锯齿，上面中脉及侧脉微凹下，具内弯粗齿；叶柄长 3 ～ 15 cm，密被灰白色平伏毛，托叶线形。

花：雄花序为圆锥花序，长达 25 cm；雄花黄绿色，花梗纤细，下垂，花被片 5，膜质，被平伏细毛，雄蕊 5，在芽中直伸；雌花绿色，被膜质，紧包子房，略被小毛；子房近球形，外面包于苞片。

果：瘦果侧扁，为宿存黄褐色苞片所包，果皮坚脆，表面具细网纹。

种子：扁平，胚乳肉质，胚弯曲，子叶厚肉质。

花果期：花期 5—6 月，果期 7 月。

分布与生境：分布于我国各地。栽培或沦为野生。

价值：有润肠、麻醉、辅助治癌等功效，有毒，多服令人发狂；可用于织麻布、纺线、绳索、编织渔网、造纸等；种子可制油漆、涂料等；油渣可作饲料。

蓼科 Polygonaceae

萹蓄 *Polygonum aviculare*

别名： 扁竹、竹叶草、扁蓄

属名： 萹蓄属

识别特征：

株：一年生草本。高 10 ～ 40 cm。

茎：平卧、上升或直立，自基部多分支，具纵棱，常有白粉。

叶：叶椭圆形、狭椭圆形或披针形，长 1 ～ 4 cm，宽 3 ～ 12 mm，顶端钝圆或急尖，基部楔形，边缘全缘，两面无毛，下面侧脉明显；叶柄短或近无柄，基部具关节；托叶鞘膜质，下部褐色，上部白色，撕裂脉明显。

花：花单生或数朵簇生叶腋，遍布植株；苞片薄膜质；花梗细，顶部具关节；花被 5 深裂，花被片椭圆形，长 2 ～ 2.5 mm，绿色，边缘白或淡红色；雄蕊 8，花丝基部宽，花柱 3，柱头头状。

果：瘦果卵形，具 3 棱，长 2.5 ～ 3 mm，黑褐色，密被由小点组成的细条纹，无光泽，与宿存花被近等长或稍长。

花果期：花期 5—7 月，果期 6—8 月。

分布与生境： 分布于我国各地。生长在田边、沟旁、湿地。

价值： 全草可入药，有通经利尿、清热解毒等功效；幼苗及嫩茎叶可食用；鲜品和干品可用作牛、羊、猪、兔等的饲料。

酸模叶蓼 *Polygonum lapathifolium*

别名：大马蓼、旱苗蓼、柳叶蓼

属名：萹蓄属

识别特征：

株：一年生草本。高 40 ~ 90 cm。

茎：直立，具分枝，无毛，节部膨大。

叶：披针形或宽披针形，长 5 ~ 15 cm，顶端渐尖或急尖，基部楔形，上面绿色，常有一个大的黑褐色新月形斑点，全缘，边缘具粗缘毛；叶柄短，具短硬伏毛；托叶鞘筒状，长 1.5 ~ 3 cm，膜质，淡褐色，无毛，具多数脉，顶端截形。

花：总状花序呈穗状，顶生或腋生，近直立，花紧密，通常由数个花穗再组成圆锥状，花序梗被腺体；苞片漏斗状，边缘有稀疏的短缘毛；花被淡红色、紫红色或白色，4（5）深裂；雄蕊通常 6，花柱 2。

果：瘦果宽卵形，双凹，长 2 ~ 3 mm，黑褐色，光亮，包于宿存花被内。

花果期：花期 6—8 月，果期 7—9 月。

分布与生境：分布于南北各地。生于田边、路旁、水边及湿地等区域。

价值：果实入药，有利尿功效，主治水肿和疮毒。

长刺酸模 *Rumex trisetifer*

别名：海滨酸模、假菠菜

属名：酸模属

识别特征：

株：一年生草本。高 30 ～ 80 cm。

茎：褐色或红褐色，具沟槽，分枝开展。

叶：茎下部叶长圆形或披针状长圆形，长 8 ～ 20 cm，宽 2 ～ 5 cm，顶端急尖，基部楔形，边缘波状；茎上部的叶较小，狭披针形；叶柄长 1 ～ 5 cm；托叶鞘膜质，早落。

花：总状花序顶生和腋生，具叶，再组成大型圆锥状花序；花两性，多花轮生；花梗细长，近基部具关节；花被片 6，2 轮，黄绿色，外花被片披针形，较小内花被片果时增大，狭三角状卵形，长 3 ～ 4 mm，顶端狭窄，急尖，基部截形，全部具小瘤，边缘每侧具 1 个针刺，针刺长 3 ～ 4 mm，直伸或微弯。

果：瘦果椭圆形，具 3 锐棱，两端尖，长 1.5 ～ 2 mm，黄褐色，有光泽。

根：粗壮，红褐色。

花果期：花期 5—6 月，果期 6—7 月。

分布与生境：分布于我国各地。生于河、湖水边和水渠边、荒地湿处。

价值：药用，有杀虫、清热、凉血之功效，用于痈疮肿痛、秃疮疥癣、跌打肿痛等症。

皱叶酸模 *Rumex crispus*

别名：洋铁叶子、四季菜根、牛耳大黄根

属名：酸模属

识别特征：

株：多年生草本。高 0.5 ～ 1 m。

茎：茎直立，有浅沟槽，常不分枝，无毛。

叶：基生叶披针形或窄披针形，长 10 ～ 25 cm，宽 2 ～ 5 cm，先端尖，基部楔形，边缘皱波状，无毛，叶柄稍短于片；茎生叶窄披针形，具短柄；托叶鞘铜状，膜质。

花：花序狭圆锥状，花序分枝近直立或上升；花两性，淡绿色；花梗细，中下部具关节；外花被片椭圆形，长约 1 mm；内花被片果时增大，宽卵形，长 4 ～ 5 mm，基部近平截，近全缘，全部具小瘤，稀 1 片具小瘤，小瘤卵形，长 1.5 ～ 2 mm。

果：瘦果卵形，具 3 锐棱，顶端尖，棱角锐利，长 2 mm，褐色，有光泽。

根：直根，粗壮。

花果期：花期 6—7 月，果期 7—8 月。

分布与生境：分布于我国东北、华北、西北、山东、河南、湖北、四川、贵州及云南等地。生于河滩、沟边湿地等处。

价值：药用，有清热解毒、凉血止血、通便杀虫之功效。

巴天酸模 *Rumex patientia*

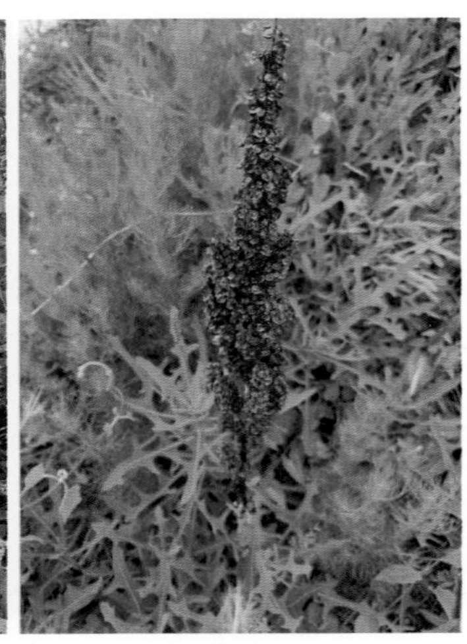

别名：羊蹄

属名：酸模属

识别特征：

株：多年生草本。高 90 ~ 150 cm。

茎：茎直立，上部分枝，具沟槽。

叶：基生叶长圆形或长圆状披针形，长 15 ~ 30 cm，宽 5 ~ 10 cm，顶端急尖，基部圆形或近心形，边缘波状，叶柄粗壮，长 5 ~ 15 cm；茎上部叶披针形，较小，具短叶柄或近无柄；托叶鞘筒状，膜质，长 2 ~ 4 cm，易破裂。

花：圆锥状花序顶生；花两性；花梗细，中下部具关节；外花被片长圆形，长约 1.5 mm；内花被片果时增大，宽心形，长 6 ~ 7 mm，先端圆钝，基部深心形，近全缘，全部或 1 片具小瘤，小瘤长卵形。

果：瘦果卵形，具 3 锐棱，顶端渐尖，褐色，有光泽，长 2.5 ~ 3 mm。

花果期：花期 5—6 月，果期 6—7 月。

分布与生境：分布于东北、华北、华东、华中、华南等地。生于田边路旁、河滩、沟边湿地。

价值：优质牧草；种子可提取油脂、糠醛和淀粉；根、叶有清热解毒、活血散瘀、止血、润肠之功效。

马齿苋科 Portulacaceae

马齿苋 *Portulaca oleracea*

别名：五行菜、长命菜、蚂蚱菜

属名：马齿苋属

识别特征：

株：一年生草本。肉质，全株无毛。

茎：茎由基部分枝，伏地铺散，圆柱形，长 10 ~ 15 cm，淡绿色或暗红色。

叶：叶互生或近对生，叶片扁平，肥厚，倒卵形，长 1 ~ 3 cm，全缘，上面暗绿色，下面淡绿色或带暗红色，中脉微隆起；叶柄粗短。

花：花小，两性，常 3 ~ 5 朵簇生枝端，花无梗；苞片膜质；萼片 2，对生，绿色，筒状；花瓣 5，黄色，倒卵状长圆形；花药黄色，花柱较雄蕊稍长。

果：蒴果卵球形，盖裂。

种子：种子细小，多数，黑褐色，有光泽，具小疣状突起。

花果期：花期 5—8 月，果期 6—9 月。

分布与生境：我国南北各地均有分布。生于菜园、路旁、草丛等处，是田间常见杂草。

价值：全草可入药，有清热解毒、消肿消炎、止渴利尿等功效；可作蔬菜或饲料。

石竹科 Caryophyllaceae

石竹 *Dianthus chinensis*

别名：兴安石竹、北石竹、山竹子、辽东石竹

属名：石竹属

识别特征：

株：多年生草本。高 30 ~ 50 cm，全株无毛，带粉绿色。

茎：由根颈生出，疏丛生，直立，上部分枝。

叶：线状披针形，长 3 ~ 5 cm，宽 2 ~ 4 cm，先端渐尖，基部稍窄，全缘或具微齿，中脉较显。

花：单生或成聚伞花序；花梗长 1 ~ 3 cm；苞片 4，卵形，长渐尖，长达花萼 1/2 以上；花萼筒形，长 1.5 ~ 2.5 cm，径 4 ~ 5 mm，具纵纹，萼齿披针形，长约 5 mm，先端尖；花瓣长 1.6 ~ 1.8 cm，瓣片倒卵状三角形，长 1.3 ~ 1.5 cm，紫红、粉红、鲜红或白色，先端不整齐齿裂，喉部具斑纹，疏生髯毛；雄蕊筒形，包于宿萼内，顶端 4 裂。

果：蒴果圆筒形，包于宿存萼内，顶端 4 裂。

种子：黑色，扁圆形。

花果期：花期 4—6 月，果期 7—9 月。

分布与生境：分布于山东泰山及东北沿海。生于山坡、海边、草地等处。

价值：根和全草可入药，有清热利尿、破血通经、散瘀消肿等功效；观赏植物。

苋科 Amaranthaceae

苋 *Amaranthus tricolor*

别名：三色苋、老来少、雁来红

属名：苋属

识别特征：

株：一年生草本。高 80 ~ 150 cm。

茎：粗壮，绿或红色，常分枝，幼时有毛或无毛。

叶：卵形、菱状卵形或披针形，长 4 ~ 10 cm，绿色或带红、紫或黄色，先端圆钝，具凸尖，基部楔形，全缘，无毛；叶柄长 2 ~ 6 cm，绿色或红色。

花：成簇腋生，组成下垂穗状花序，花簇球形，径 0.5 ~ 1.5 cm，雄花和雌花混生；苞片卵状披针形，长 2.5 ~ 3 mm，透明，顶端具长芒尖；花被片长圆形，绿或黄绿色，顶端有 1 长芒尖，背面具 1 绿色或紫色隆起中脉；顶端具长芒尖，背面具绿或紫色中脉。

果：胞果卵状长圆形，长 2 ~ 2.5 mm，环状横裂，包在宿存花被片内。

种子：近球形或倒卵形，径约 1 mm，黑色或黑褐色，边缘钝。

花果期：花期 5—8 月，果期 7—9 月。

分布与生境：分布于我国各地。对土壤要求不严格，以偏碱性土壤生长良好。

价值：根、果实及全草可入药，有明目、利大小便、去寒热等功效；茎叶可食用；观赏植物。

反枝苋 *Amaranthus retroflexus*

别名：西风谷

属名：苋属

识别特征：

株：一年生草本。高 20 ~ 80 cm，有时达 1 m。

茎：茎直立，粗壮，稍具钝棱，密生短柔毛分枝或叶腋生小枝。

叶：菱状卵形或椭圆状卵形，长 5 ~ 12 cm，先端锐尖或尖凹，具小凸尖，基部楔形，全缘或波状缘，两面及边缘有柔毛，下面毛较密；叶柄长 1.5 ~ 5.5 cm，淡绿色，有时淡紫色，有柔毛，基部无刺。

花：圆锥花序较粗，径 2 ~ 4 cm，淡绿白色，直立，顶生花穗较侧生者长；苞片较长，4 ~ 6 mm，不变成刺；花单性或杂性，雌雄同株，淡绿色，花序轴有毛；花被

片长圆形或长圆状倒卵形，长 2 ~ 2.5 mm，膜质，白色，有淡绿色细中脉；雄蕊比花被片稍长；柱头 3，长刺锥状，稀为 2。

果：胞果包在宿存花被内，长约 1.5 mm，扁卵形，薄膜质，淡绿色，环状开裂。

种子：直立，径 1 mm，近球形，棕色或黑色，边缘钝。

花果期：花期 7—8 月，果期 8—9 月。

分布与生境：分布于黑龙江、吉林、辽宁、河北、山东、河南、陕西、甘肃、宁夏等地。生于田边、路旁、农地旁、草丛中。

价值：可食用；作饲料；全草和种子可入药，能祛风湿、清肝火，可用于目赤肿痛、翳障和高血压等症。

千穗谷 *Amaranthus hypochondriacus*

别名：籽粒苋

属名：苋属

识别特征：

株：一年生草本。高（10 ～）20 ～ 80 cm。

茎：绿色或紫红色，分枝，无毛或上部微有柔毛。

叶：菱状卵形或矩圆状披针形，长 3 ～ 10 cm，顶端急尖或短渐尖，具凸尖，基部楔形，全缘或波状缘，无毛，上面常带紫色；叶柄长 1 ～ 7.5 cm，无毛。

花：圆锥花序顶生，直立，圆柱形，长达 25 cm，直径 1 ～ 2.5 cm，不分枝或分枝，由多数穗状花序形成，花簇在花序上排列极密；苞片及小苞片卵状钻形，为花被片长的 2 倍，绿色或紫红色，背部中脉隆起，成长凸尖；花被片矩圆形，顶端急尖或渐尖，绿色或紫红色，有 1 深色中脉，成长凸尖；柱头 2 ～ 3。

果：胞果近菱状卵形，长 3 ～ 4 mm，环状横裂，绿色，上部带紫色，超出宿存花被。

种子：近球形，直径约 1 mm，白色，边缘锐。

花果期：花期 7—8 月，果期 8—9 月。

分布与生境：分布于内蒙古、河北、四川、云南等地。适应性较强，有较强耐旱性、耐酸性、耐碱性。

价值：嫩苗可食用，有促进心肌代谢，预防老年骨质疏松、动脉硬化，抑制癌症，降糖、降脂、降血压等保健功效；牛羊牧草；保持水土；牲畜饲料。

碱蓬 *Suaeda glauca*

别名：海英菜、碱蒿、盐蒿

属名：碱蓬属

识别特征：

株：多年生草本。高可达 1 m。

茎：茎粗壮直立，圆柱状，浅绿色，有条棱，上部多分枝，分枝细长。

叶：丝状条形、半圆柱状或略扁平，通常长 1.5 ~ 5 cm，灰绿色，光滑无毛，稍向上弯曲。

花：两性兼有雌性，单生或 2 ~ 5 朵团集，有短柄；两性花花被杯状，长 1 ~ 1.5 mm，黄绿色；雌花花被近球形，灰绿色；雄蕊 5，花药宽卵形至矩圆形；柱头 2，黑褐色，稍外弯。

果：胞果包在花被内，扁平，果皮膜质。

种子：近圆形，黑色，表面具有点纹，稍光泽；胚乳很少。

花果期：花果期 7—9 月。

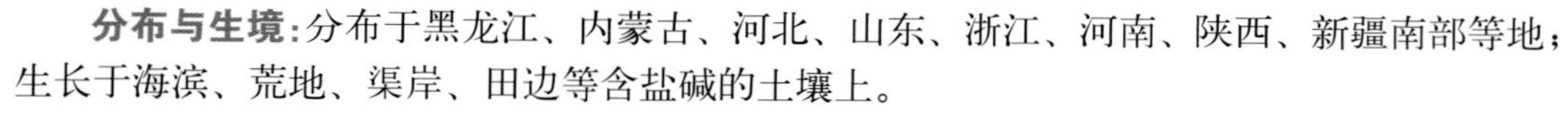

分布与生境：分布于黑龙江、内蒙古、河北、山东、浙江、河南、陕西、新疆南部等地；生长于海滨、荒地、渠岸、田边等含盐碱的土壤上。

价值：种子可榨油供工业用；药用，有清热、消积等功效；嫩苗可食用；可作饲料；用于处理含盐养殖废水。

盐地碱蓬 *Suaeda salsa*

别名：翅碱蓬、黄须菜、碱葱

属名：碱蓬属

识别特征：

株：一年生草本。高 20 ~ 80 cm，植株绿色或紫红色。

茎：茎直立，圆柱状，黄褐色，有微条棱，无毛，有分枝，细瘦，开散或斜升。

叶：条形半圆柱状，长 1 ~ 2.5 cm，无柄；枝上部叶较短。

花：团伞花序通常含 3 ~ 5 花，腋生，在分枝上排列成有间断的穗状花序；小苞片卵形，几全缘；花两性，有时兼有雌性；花被半球形，底面平；裂片卵形，稍肉质，具膜质边缘，先端钝，果时背面稍增厚，有时并在基部延伸出三角形或狭翅状突出物；花药卵形或矩圆形，长 0.3 ~ 0.4 mm；柱头 2，有乳头，通常带黑褐色，花柱不明显。

果：胞果包于花被内；果皮膜质，果实成熟后常因破裂而露出种子。

种子：横生，双凸镜形或歪卵形，径 0.8 ~ 1.5 mm，黑色，有光泽，周边纯，具不清晰网点纹饰。

花果期：花果期 7—10 月。

分布与生境：分布于东北、内蒙古、山东、浙江、河南、陕西、新疆南部等地。生于盐碱地，常见于海滩、河岸、湖边。

价值：牛羊牧草；保持水土；幼苗及种子有较高食用价值；用于修复生态环境；富含钾盐，可用于化工、玻璃、制药等；生猪添加饲料。

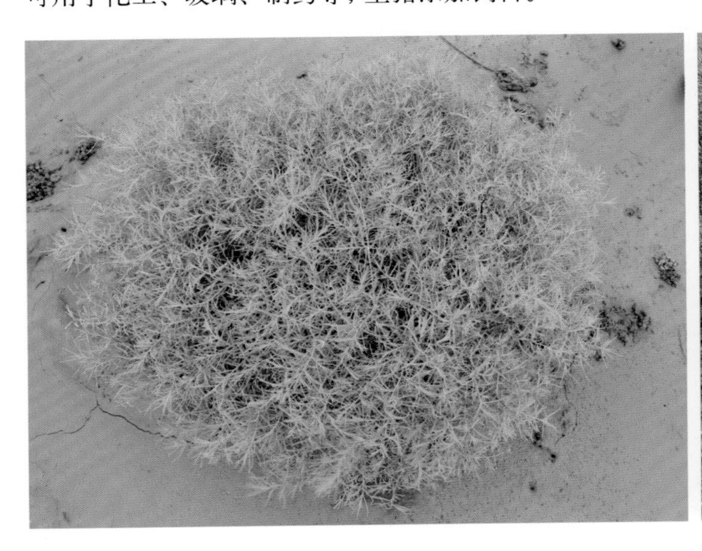

滨藜 *Atriplex patens*

别名：尖叶落藜

属名：滨藜属

识别特征：

株：一年生草本。高 20 ～ 60 cm。

茎：直立或外倾，无粉粒或稍有粉粒，具色条及条棱，常上部分枝；枝斜上。

叶：线形或披针形，长 3 ～ 9 cm，宽 0.4 ～ 1 cm，先端渐尖，基部渐窄，两面均绿色，无粉粒或稍有粉粒，具不规则弯锯齿，或近全缘。

花：雌雄花混合成簇，在茎枝上部集成穗状圆锥状花序；花序轴有密粉；雄花花被 4 ～ 5 裂，雄蕊与花被裂片同数；雌花的苞片果时菱形至卵状菱形，长约 3 mm。

种子：种子二型，圆形，扁平，种皮膜质；或双凸镜形，种皮薄壳质；黑或红褐色，具细纹饰，直径 1 ～ 2 mm。

花果期：8—10 月。

分布与生境：分布于黑龙江、辽宁、吉林、河北、内蒙古、陕西、甘肃北部、宁夏、青海至新疆北部等地。多生于含轻度盐碱的湿草地、海滨、沙土地等处。

价值：有毒植物。

中亚滨藜 *Atriplex centralasiatica*

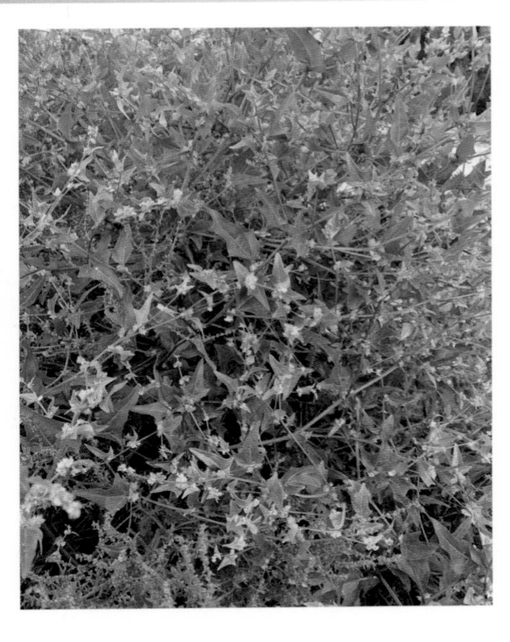

别名：马灰条、软蒺藜

属名：滨藜属

识别特征：

株：一年生草本。高 15 ～ 30 cm。

茎：茎直立，多分枝；枝钝四棱形，黄绿色，无色条。

叶：叶有短柄，枝上部叶近无柄；叶片卵状三角形至菱状卵形，长 2 ～ 3 cm，边缘具疏锯齿，上面灰绿色，无粉或稍有粉，下面灰白色，有密粉；叶柄长 2 ～ 6 mm。

花：花集成腋生团伞花序，雄花花被 5 深裂，裂片宽卵形，雄蕊 5；雌花无花被，有两个苞片，苞片近半圆形至平面钟形，边缘近基部以下合生，缘部草质或硬化。

果：胞果扁平，宽卵形或圆形，果皮膜质，白色，与种子贴伏。

种子：直立，红褐色、黑褐色或黄褐色，直径 2 ～ 3 mm。

花果期：花期 7—8 月，果期 8—9 月。

分布与生境：分布于辽宁、吉林、内蒙古、河北、宁夏、青海及西藏等地。生于戈壁、荒野、海滨、平原荒漠及盐碱地草丛。

价值：鲜草、干草可作饲料；果实可入药，有明目、解郁、缓和等功效。

藜 *Chenopodium album*

别名：灰菜、灰条菜

属名：藜属

识别特征：

株：一年生草本。高 30 ～ 150 cm。

茎：直立，粗壮，有绿色或紫红色条纹，多分枝；枝条斜升或开展。

叶：菱状卵形或宽披针形，长 3 ～ 6 cm，先端急尖或微钝，边缘具不整齐锯齿，下面生粉粒，灰绿色；叶柄与叶片近等长，或为叶片长度的 1/2。

花：两性，花序穗状，簇生于枝上部；花被肥厚，宽卵形至椭圆形，背面具纵隆脊，有粉；雄蕊 5，花药伸出花被；柱头 2，边缘膜质。

果：胞果稍扁，近圆形，包于花被内；果皮与种子贴生。

种子：横生，双凸镜状，边缘钝，黑色，表面具浅沟纹。

花果期：花果期 5—10 月。

分布与生境：分布于我国各地。生于路旁、荒地、田间、菜园，或有轻度盐碱的土地上。

价值：药用，有清热、利湿、杀虫等功效；食用；作饲料。

小藜 *Chenopodium ficifolium*

别名：苦落藜

属名：藜属

识别特征：

株：一年生草本。高 20 ~ 50 cm，被粉粒。

茎：茎直立，具条棱及绿色色条。

叶：卵状长圆形，长 2.5 ~ 5 cm，常 3 浅裂，边缘有波状锯齿，中部以下具侧裂片，常各具 2 浅裂齿。

花：两性，数朵簇生，花序穗状；花被近球形，5 深裂，裂片宽卵形，不开展；雄蕊 5，开花时外伸；柱头 2，丝形。

果：胞果包在花被内，果皮与种子贴生。

种子：双凸镜状，径约 1 mm，黑色，有光泽，周边微钝。

花果期：花果期 4—7 月。

分布与生境：分布于除西藏外的各地。生于田间、路边、荒野、潮湿等地。

价值：全草可入药，有治泻痢、止痒杀虫等功效。

灰绿藜 *Chenopodium glaucum*

别名：小灰菜、灰灰菜

属名：藜属

识别特征：

株：一年生草本。高 20 ～ 40 cm。

茎：常由基部分枝，平卧或外倾，具条棱及绿色或紫红色色条。

叶：矩圆状卵形至披针形，长 2 ～ 4 cm，宽 6 ～ 20 mm，肥厚，先端急尖或钝，基部渐狭，边缘具缺刻状牙齿，上面绿色，平滑无粉，下面灰白色，有时稍带紫红色，密被粉粒；中脉明显，黄绿色；叶柄长 5 ～ 10 mm。

花：两性，通常数花聚成团伞花序，再于分枝上排列成有间断而通常短于叶的穗状或圆锥状花序；花被裂片 3 ～ 4，浅绿色，稍肥厚，通常无粉，狭矩圆形或倒卵状披针形，长不及 1 mm，先端通常钝；雄蕊 1 ～ 2，花丝不伸出花被，花药球形；柱头 2，极短。

果：胞果顶端露出于花被外，果皮膜质，黄白色。

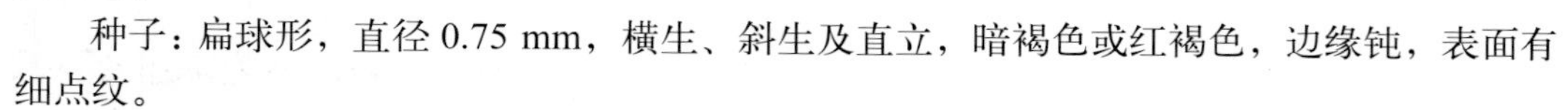

种子：扁球形，直径 0.75 mm，横生、斜生及直立，暗褐色或红褐色，边缘钝，表面有细点纹。

根：纺锤状，分枝或不分枝。

花果期：花期 5—10 月。

分布与生境：除台湾、福建、江西、广东、广西、贵州、云南外，我国其他各地都有分布。生于农田、菜园、村房、水边等有轻度盐碱的土壤上。

价值：嫩苗、嫩茎叶可食用；可作饲料；全草可入药，有清热、利湿、杀虫等功效。

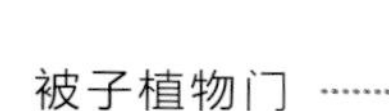

地肤 *Kochia scoparia*

别名：地麦、落帚、扫帚苗

属名：地肤属

识别特征：

株：一年生草本。高 50 ～ 100 cm。

茎：茎直立，圆柱状，生短柔毛，淡绿色或带紫红色，分枝稀疏，斜上。

叶：扁平互生，条状披针形或披针形，长 2 ～ 5 cm，宽 3 ～ 9 mm，通常有 3 条明显的主脉；茎上部叶较小，无柄，1 脉。

花：两性或兼有雌性，通常 1 ～ 3 个生于上部叶腋，穗状圆锥状花序，花下部有柔毛；花被近球形，淡绿色，花被裂片近三角形，在果期生翅；雄蕊 5；花柱极短，柱头 2；花丝丝状，花药淡黄色。

果：胞果扁球形，果皮膜质，与种子离生。

种子：卵形，黑褐色，长 1.5 ～ 2 mm，稍有光泽；胚环形，胚乳块状。

根：略呈纺锤形

花果期：花期 6—9 月，果期 7—10 月。

分布与生境：分布于我国各地。生于山沟湿地、田边、路边、海滨等处。

价值：果实可入药（地肤子），有利小便、清湿热等功效；园林观赏；叶可作饲料；嫩茎叶可食用；老株可用作扫帚；种子可榨油，供食用和工业用。

猪毛菜 *Salsola collina*

别名：扎蓬棵、扎不楞

属名：碱猪毛菜属

识别特征：

株：一年生草本。高 20 ～ 100 cm。

茎：直立，基部分枝，具绿色或紫红色条纹；枝伸展，生短硬毛或近无毛。

叶：丝状圆柱形，肉质，长 2 ～ 5 cm，生短硬毛，顶端有刺状尖，基部边缘膜质，下延。

花：单生于枝上部苞腋，组成穗状花序，小苞叶两片，狭披针形，先端具刺尖，边缘膜质；花被片 5，透明膜质，披针形，果期背部生出不等形的短翅或草质突起；花药长 1 ～ 1.5 mm，柱头丝状，花柱很短。

果：胞果倒卵形，果皮膜质。

种子：横生或斜生。

花果期：花期 7—9 月，果期 9—10 月。

分布与生境：分布于东北、华北、西北、西南及西藏、河南、山东、江苏等地。生于路旁、荒地戈壁滩和含盐碱沙质土壤等荒芜之处。

价值：全草可入药，有降血压之功效；嫩叶可食用。

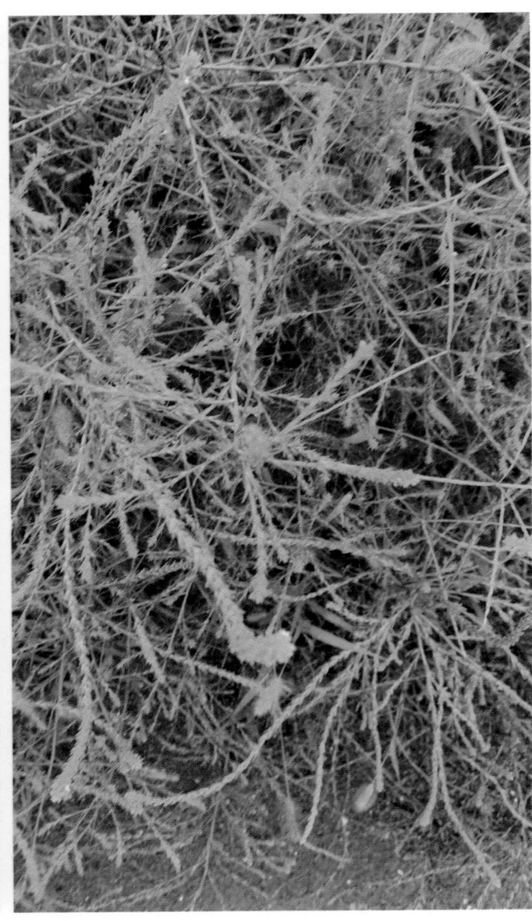

莲科 Nelumbonaceae

莲 *Nelumbo nucifera*

别名：荷花、芙蓉、芙蕖、莲花

属名：莲属

识别特征：

茎：多年生水生草本。根茎肥厚，横生地下，节长。

叶：盾状圆形，伸出水面，径 25 ～ 90 cm，表面深绿色，被蜡质白粉覆盖，背面灰绿色，全缘稍呈波状，上面光滑；叶柄圆柱形，长 1 ～ 2 m，中空，常具刺，外面散生小刺。

花：单生于花葶顶端，径 10 ～ 20 cm，芳香；萼片 4 ～ 5，早落；花瓣多数，红、粉红或白色，有时变态成雄蕊；雄蕊多数，花丝细长，药隔棒状；心皮多数，雌蕊离生埋于倒圆锥形花托穴内，花托表面具多数散生蜂窝状孔洞，受精后逐渐膨大称为莲蓬。

果：坚果椭圆形或卵形，果皮革质，坚硬，熟时黑褐色，长 1.5 ～ 2.5 cm。

种子：卵形或椭圆形，长 1.2 ～ 1.7 cm，种皮红或白色。

根状茎：横生，肥厚，节间膨大，内有多数纵行通气孔道。

花果期：花期 6—9 月，果期 8—10 月。

分布与生境：分布于全国各地。生于山坡石砾质草地、草原、沙丘及沿河流两岸的砂地。

价值：牛羊牧草；保持水土。

十字花科 Brassicaceae

北美独行菜 *Lepidium virginicum*

别名：琴叶独行菜

属名：独行菜属

识别特征：

株：一年或二年生草本。高 20 ～ 50 cm。

茎：单一，直立，上部分枝，具柱状腺毛。

叶：基生叶倒披针形，长 1 ～ 5 cm，羽裂大小不等，边缘有锯齿，两面有短伏毛；叶柄长 1.0 ～ 1.5 cm；茎生叶有短柄，倒披针形或线形，长 1.5 ～ 5 cm，顶端急尖，基部渐狭，边缘有尖锯齿或全缘。

花：总状花序顶生；萼片椭圆形，长约 1 mm；花瓣白色，倒卵形，与萼片等长或稍长；雄蕊 2 ～ 4。

果：短角果近圆形，果梗长 2 ～ 3 mm。

种子：卵形，长约 1 mm，光滑，红棕色，边缘有窄翅。

花果期：花期 4—5 月，果期 6—7 月。

分布与生境：分布于山东、安徽、浙江、福建、广西等地。生于田边或荒地，为田间杂草。

价值：种子含油，可食用；种子可入药，有利水、平喘等功效；可作饲料用。

沼生蔊菜 *Rorippa palustris*

别名：风花菜

属名：蔊菜属

识别特征：

株：一年或二年生草本。高达 50 cm。

茎：直立，多分枝，下部常带紫色，具棱。

叶：基生叶具柄，叶片羽状深裂或大头羽裂，长圆形至狭长圆形，长 5 ~ 10 cm，侧裂片 3 ~ 7 对；茎生叶向上渐小，近无柄，叶片羽状深裂或具齿，基部耳状抱茎。

花：总状花序顶生或腋生，果期伸长，花小，黄色或淡黄色，具纤细花梗；萼片长椭圆形，长 1.6 ~ 2.6 mm ；花瓣长倒卵形至楔形，等于或稍短于萼片；雄蕊 6，近等长，花丝线状。

果：短角果椭圆形或近圆柱形，果瓣肿胀，有时稍弯曲，长 3 ~ 8 mm。

种子：每室两行，褐色，细小，近卵形；一端微凹，表面具细网纹；子叶缘倚胚根。

花果期：花期 4—7 月，果期 6—8 月。

分布与生境：分布于我国各地。生于潮湿环境或近水处、溪岸、路旁、山坡草地、草场等处。

价值：嫩苗可药用，具清热利尿、解毒的功效。

景天科 Crassulaceae

长药八宝 *Hylotelephium spectabile*

别名：长药景天、石头菜

属名：八宝属

识别特征：

株：多年生草本。高 30 ～ 70 cm。

茎：直立。

叶：对生，或 3 叶轮生，卵形、宽卵形或长圆状卵形，长 4 ～ 10 cm，先端钝尖，基部渐窄，有波状牙齿或全缘。

花：花序伞房状，顶生，径 7 ～ 11 cm；花密生，径约 1 cm；萼片 5，线状披针形或宽披针形，长 1 mm；花瓣 5，淡紫红或紫红色，披针形或宽

披针形，长 4 ～ 5 mm；雄蕊 10，长 6 ～ 8 mm，花药紫色；鳞片 5，长方形，长 1 ～ 1.2 mm，先端微缺；心皮 5，窄椭圆形，长约 3 mm；花柱长 1.2 mm。

果：蓇葖果直立。

花果期：花期 8—9 月，果期 9—10 月。

分布与生境：分布于安徽、陕西、河南、山东、河北、辽宁、吉林、黑龙江等地。生于低山多石山坡上。

价值：可用于花坛、花境、草坪点缀、岩石园、造景等；地被植物。

费菜 *Phedimus aizoon*

别名：土三七、田三七、金不换

属名：费菜属

识别特征：

株：多年生草本。高 20 ～ 50 cm。

茎：根状茎短粗，有 1 ～ 3 条茎，直立，无毛，不分枝。

叶：互生，狭披针形、椭圆状披针形至卵状倒披针形，长 3.5 ～ 8 cm，先端渐尖，基部楔形，边缘有不整齐的锯齿；坚实，近乎革质。

花：花序聚伞状，密生，水平分枝，平展，下托以苞叶；萼片 5 片，线形，肉质；花瓣 5，黄色，长圆形至椭圆状披针形；雄蕊 10，较花瓣短；花柱长钻；鳞片 5，近正方形；心皮 5，卵状长圆形。

果：蓇葖果星芒状排列，长 7 mm。

种子：椭圆形，长约 1 mm。

根：块根胡萝卜状。

花果期：花期 6—7 月，果期 8—9 月。

分布与生境：分布于我国各地。生于山坡、荒地等处。

价值：园林绿化；可药用，有活血、降血脂、降血压、防中风、防心脏病等功效。

蔷薇科 Rosaceae

委陵菜 *Potentilla chinensis*

别名：翻白草、白头翁、天青地白、扑地虎

属名：委陵菜属

识别特征：

株：多年生草本。高 20 ～ 70 cm。

茎：被稀疏短柔毛及白色绢状长柔毛。

叶：基生叶为羽状复叶，有小叶 5 ～ 15 对，间隔 0.5 ～ 0.8 cm，连叶柄长 4 ～ 25 cm，叶柄被短柔毛及绢状长柔毛；小叶片对生或互生，上部小叶较长，向下逐渐减小，无柄，长圆形、倒卵形或长圆披针形，长 1 ～ 5 cm；茎生叶与基生叶相似，唯叶片对数较少；基生叶托叶近膜质，褐色，外面被白色绢状长柔毛；茎生叶托叶草质，绿色，边缘锐裂。

花：伞房状聚伞花序，花梗长 0.5 ～ 16 cm，基部有披针形苞片，外面密被短柔毛；花直径通常 0.8 ～ 1 cm；萼片三角卵形，顶端急尖，副萼片带形或披针形，顶端尖，比萼片短约 1 倍且狭窄，外面被短柔毛及少数绢状柔毛；花瓣黄色，宽倒卵形，顶端微凹，比萼片稍长；花柱近顶生，基部微扩大，稍有乳头或不明显，柱头扩大。

果：瘦果卵球形，深褐色，有明显皱纹。

根：粗壮，圆柱形，稍木质化。

花果期：花果期 4—10 月。

分布与生境：分布我国各地。生于山坡草地、沟谷、林缘、灌丛或疏林下。

价值：全草可入药，有清热解毒、止血、止痢等功效；嫩苗可食用并可作猪饲料。

菊叶委陵菜 *Potentilla tanacetifolia*

别名： 蒿叶委陵菜、叉菊蒌陵菜、砂地蒌陵菜

属名： 委陵菜属

识别特征：

株：多年生草本。高 15 ～ 65 cm。

茎：花茎直立或上升，被长柔毛、短柔毛或卷曲柔毛，并被稀疏腺体，有时脱落。

叶：基生叶羽状复叶，有小叶 5 ～ 8 对，间隔 0.3 ～ 1 cm，连叶柄长 5 ～ 20 cm，叶柄被长柔毛、短柔毛或卷曲柔毛，有稀疏腺体，稀脱落；小叶互生或对生，顶生小叶有短柄或无柄，最上面 1 ～ 3 对小叶基部下延与叶轴汇合；小叶片长圆形、长圆披针形或长圆倒卵披针形，长 1 ～ 5 cm，宽 0.5 ～ 1.5 cm，顶端圆钝，基部楔形，边缘有缺刻状锯齿，上面伏生疏柔毛或密被长柔毛，或脱落几无毛，下面被短柔毛；叶脉伏生柔毛，或被稀疏腺毛；茎生叶与基生叶相似，惟小叶对数较少；基生叶托叶膜质，褐色，外被疏柔毛；茎生叶托叶革质，绿色，边缘深撕裂状，下面被短柔毛或长柔毛。

花：伞房状聚伞花序，多花，花梗长 0.5 ～ 2 cm，被短柔毛；花直径 1 ～ 1.5 cm；萼片三角卵形，顶端渐尖或急尖，副萼片披针形或椭圆披针形，顶端圆钝或急尖，比萼片短或近等长，外被短柔毛和腺毛；花瓣黄色，倒卵形，顶端微凹，比萼片长约 1 倍；花柱近顶生，圆锥形，柱头稍扩大。

果：瘦果卵球形，长 2.5 mm，具脉纹。

根：粗壮，圆柱形。

花果期：花果期 5—10 月。

分布与生境： 分布于黑龙江、吉林，辽宁、内蒙古、河北、山西、陕西、甘肃、山东等地。生于山坡草地、低洼地、砂地、草原，丛林边及黄土高原。

价值： 可作饲料。

蕨麻 *Potentilla anserina*

别名：鹅绒委陵菜、莲花菜、延寿草、人参果

属名：委陵菜属

识别特征：

株：多年生草本。

茎：匍匐，节处生根，常着地长出新植株，外被贴生或半开展疏柔毛或脱落几无毛。

叶：基生叶为间断羽状复叶，有 6 ~ 11 对小叶，最上面一对小叶基部下延与叶轴汇合；基生小叶渐小呈附片状，连叶柄长 2 ~ 20 cm，叶柄被贴生或稍开展疏柔毛，有时脱落几无毛；小叶椭圆形、卵状披针形或长椭圆形，长 1.5 ~ 4 cm，有多数尖锐锯齿或呈裂片状，上面被疏柔毛或脱落近无毛，下面密被紧贴银白色绢毛；茎生叶与基生叶相似，小叶对数较少；基生叶和下部茎生叶托叶膜质，褐色；上部茎生叶托叶草质，多分裂。

花：单花腋生；花梗长 2.5 ~ 8 cm，疏被柔毛；花径 1.5 ~ 2 cm；萼片三角状卵形，先端急尖或渐尖，副萼片椭圆形或椭圆状披针形，常 2 ~ 3 裂，稀不裂，与萼片近等长或稍短；花瓣黄色，倒卵形；花柱侧生，小枝状，柱头稍扩大。

根：向下延长，有时在根的下部长成纺锤形或椭圆形块根。

花果期：花果期 4—9 月。

分布与生境：多分布于我国北部和西部等地区。生于河岸、路边、山坡草地及草甸等区域。

价值：根部膨大，含丰富淀粉，可治疗贫血和营养不良等，又可供甜制食品及酿酒用；根含可提制栲胶，并可入药，作收敛剂；茎叶可提取黄色染料；可作蜜源植物和饲料植物。

风箱果 *Physocarpus amurensis*

别名：托盘幌、阿穆尔风箱果

属名：风箱果属

识别特征：

株：落叶灌木。高 3 m。

枝：小枝圆柱形，稍弯曲，无毛或近无毛；幼时紫红色，老时灰褐色；树皮成纵向剥裂；冬芽卵圆形，被柔毛。

叶：三角状卵形至倒卵形，长 3.5 ~ 5.5 cm，先端急尖或渐尖，基部近心形，稀截形，常 3 裂，稀 5 裂，有重锯齿，下面微被星状柔毛，沿叶脉较密；叶柄长 1.2 ~ 2.5 cm，微被柔毛或近无毛；托叶线状披针形，顶端渐尖，有不规则尖锐锯齿，近无毛，早落。

花：花序伞形总状，径 3 ~ 4 cm；花梗长 1 ~ 1.8 cm；花序梗与花梗均密被星状柔毛；苞片披针形，顶端有锯齿，微被星状毛，早落；花直径 8 ~ 13 mm；萼筒杯状，外面被星状绒毛；萼片三角形；花瓣倒卵形，先端圆钝，白色；雄蕊 20 ~ 30，着生在萼筒边缘，花药紫色；心皮 2 ~ 4，外被星状柔毛，花柱顶生。

果：蓇葖果膨大，卵圆形，顶端渐尖，成熟时沿背缝腹缝开裂；微被星状柔毛；有 2 ~ 5 种子。

花果期：花期 6 月，果期 7—8 月。

分布与生境：分布于黑龙江、河北等地。生于山沟中，在阔叶林边，常丛生。

价值：果皮作药用，有抗卵巢癌、中枢神经肿瘤、结肠肿瘤等功效。

梨 *Pyrus* spp.

别名： 鸭梨

属名： 梨属

识别特征：

株：落叶乔木或灌木，极少数品种为常绿。

叶：多呈卵形，互生，有锯齿或全缘，稀分裂，在芽中呈席卷状，有叶柄与托叶。

花：白色，或略带黄色、粉红色，花瓣5。

果：圆形，或基部较细尾部粗；果皮有黄色、绿色、黄中带绿、绿中带黄等多种，个别品种亦有紫红色；野生梨果径1～4 cm，人工培植品种果径可达8 cm，长度可达18 cm。

根：根系发达，垂直根深可达2～3 m以上，水平根分布较广，约为冠幅2倍左右。

花果期：花期根据品种不同有3月、4月、5月，果期多在7—8月。

分布与生境： 分布于我国各地。野生梨树分布于路边、荒山等区域。

价值： 果通常食用，有通便秘、利消化等功效；与冰糖共蒸煮，可润肺止咳；树干可制做家具、工艺品等。

山楂 *Crataegus pinnatifida*

别名：山里红、红果

属名：山楂属

识别特征：

株：落叶乔木。高 6 m，树皮粗糙，暗灰色或灰褐色。

茎：刺长约 1 ~ 2 cm，有时无刺。

枝：小枝圆柱形；当年生枝紫褐色，无毛或近于无毛，疏生皮孔；老枝灰褐色；冬芽三角卵形，先端圆钝，无毛，紫色。

叶：宽卵形或三角状卵形，稀菱状卵形，长 5 ~ 10 cm，先端短渐尖，基部截形至宽楔形；有 3 ~ 5 对羽状深裂片，裂片卵状披针形或带形，先端短渐尖，疏生不规则重锯齿；下面沿叶脉疏生短柔毛或在脉腋有髯毛，侧脉 6 ~ 10 对，有的直达裂片先端，有的达到裂片分裂处；叶柄长 2 ~ 6 cm，无毛；托叶草质，镰形，边缘有锯齿。

花：伞形花序具多花，径 4 ~ 6 cm；花梗和花序梗均被柔毛，花后脱落；花梗长 4 ~ 7 mm；苞片线状披针形，长 6 ~ 8 mm；花径约 1.5 cm；萼筒钟状，长 4 ~ 5 mm；萼片三角状卵形或披针形，被毛；花瓣白色，倒卵形或近圆形；雄蕊 20；花柱 3 ~ 5，基部被柔毛。

果：近球形或梨形，直径 1 ~ 1.5 cm，深红色，有浅色斑点；小核 3 ~ 5，外面稍具棱，内面两侧平滑。

花果期：花期 5—6 月，果期 9—10 月。

分布与生境：分布于黑龙江、吉林、辽宁、内蒙古、河北、河南、山东、山西、陕西、江苏等地。生于山坡林边或灌木丛中。

价值：可栽培作绿篱和观赏树；果可生吃或做果酱果糕；干制后入药，有降血脂、血压、强心、抗心律不齐、消积化滞等功效。

杏 *Prunus armeniaca*

别名：杏子

属名：李属

识别特征：

株：落叶乔木。高 5 ～ 8（12）m，树冠圆形、扁圆形或长圆形，树皮灰褐色，纵裂。

枝：多年生枝浅褐色，皮孔大而横生；一年生枝浅红褐色，有光泽，无毛，具多数小皮孔。

叶：宽卵形或圆卵形，长 5 ～ 9 cm，先端急尖至短渐尖，基部圆形至近心形，叶边有圆钝锯齿，两面无毛或下面脉腋间具柔毛；叶柄长 2 ～ 3.5 cm，无毛，基部常具 1 ～ 6 腺体。

花：单生，直径 2 ～ 3 cm，先于叶开放；花梗短，被短柔毛；花萼紫绿色；萼筒圆筒形，外面基部被短柔毛；萼片卵形至卵状长圆形，先端急尖或圆钝，花后反折；花瓣圆形至倒卵形，白色或带红色，具短爪；雄蕊 20 ～ 45，稍短于花瓣；子房被短柔毛，花柱稍长或几与雄蕊等长，下部具柔毛。

果：球形，稀倒卵形，直径约 2.5 cm 以上，白色、黄色至黄红色，常具红晕，微被短柔毛；果肉多汁，成熟时不开裂；核卵形或椭圆形，两侧扁平，顶端圆钝，基部对称，稀不对称，表面稍粗糙或平滑，腹棱较圆，常稍钝，背棱较直，腹面具龙骨状棱；种仁味苦或甜。

花果期：花期 3—4 月，果期 6—7 月。

分布与生境：分布于全国各地，以华北、西北和华东地区为主。为阳性树种，适应性强，深根性，喜光，耐旱，抗寒，抗风，为低山丘陵地带的主要栽培果树。

价值：果实为营养极为丰富的水果；木材质地坚硬，是做家具的好材料；枝条可作燃料。

紫叶李 *Prunus cerasifera* f. *atropurpurea*

别名：红叶李、樱桃李

属名：李属

识别特征：

株：落叶灌木或小乔木。高可达 8 m。

枝：多分枝，枝条细长，开展，暗灰色，有时有棘刺；小枝暗红色，无毛；冬芽卵圆形，先端急尖，有数枚覆瓦状排列鳞片，紫红色，有时鳞片边缘有稀疏缘毛。

叶：椭圆形、卵形或倒卵形，极稀椭圆状披针形，长（2）3 ～ 6 cm，宽 2 ～ 3（2）cm，先端急尖，基部楔形或近圆形，边缘有圆钝锯齿，有时混有重锯齿；紫色；侧脉 5 ～ 8 对；叶柄长 6 ～ 12 mm，通常无毛或幼时微被短柔毛，无腺；托叶膜质，披针形，先端渐尖，边有带腺细锯齿，早落。

花：1 朵，稀 2 朵；花梗长 1 ～ 2.2 cm；无毛或微被短柔毛；花直径 2 ～ 2.5 cm；萼筒钟状，萼片长卵形，先端圆钝，边有疏浅锯齿；花瓣白色，长圆形或匙形；雄蕊 25 ～ 30，花丝长短不等，紧密地排成不规则 2 轮，比花瓣稍短；雌蕊 1，心皮被长柔毛，柱头盘状，花柱比雄蕊稍长，基部被稀长柔毛。

果：核果近球形或椭圆形，长宽几相等，直径 1 ～ 3 cm，黄色、红色或黑色，微被蜡粉，具有浅侧沟，粘核；核椭圆形或卵球形，先端急尖，浅褐带白色，表面平滑或粗糙或有时呈蜂窝状，背缝具沟，腹缝有时扩大具 2 侧沟。

花果期：花期 4 月，果期 8 月。

分布与生境：分布于华北及其以南的区域。生于山坡林中或多石砾的坡地以及峡谷水边等处。

价值：园林美化。

桃 *Prunus persica*

别名：桃子、粘核桃

属名：李属

识别特征：

株：落叶乔木。高 3 ～ 8 m，树冠宽广而平展；树皮暗红褐色，老时粗糙呈鳞片状。

枝：小枝无毛；冬芽被柔毛。

叶：披针形，长 7 ～ 15 cm，先端渐尖，基部宽楔形，具锯齿；叶柄粗壮，长 1 ～ 2 cm，常具 1 至数枚腺体。

花：单生，先叶开放，径 2.5 ～ 3.5 cm；花梗极短或几无梗；萼筒钟形，被柔毛，稀几无毛，绿色而具红色斑点；萼片卵形或长圆形，被柔毛；花瓣长圆状椭圆形或宽倒卵形，粉红色，稀白色；花药 20 ～ 30，绯红色。

果：形状和大小均有变异，卵形、宽椭圆形或扁圆形，直径（3）5 ～ 7（12）cm，成熟时向阳面具红晕；果肉白色、浅绿白色、黄色、橙黄色或红色，多汁有香味，甜或酸甜。

种子：核大，离核或粘核，椭圆形或近圆形，两侧扁平，顶端渐尖，表面具纵、横沟纹和孔穴；种仁味苦，稀味甜。

花果期：花期 3—4 月，果期 8—9 月。

分布与生境：多分布于华北、华东各地；各地均有栽培。

价值：花可观赏；果实多汁，可生食或制桃脯、罐头等；核仁可食用。

苹果 *Malus pumila*

别名：智慧果

属名：苹果属

识别特征：

株：落叶乔木。高达 15 m。

枝：幼枝密被绒毛；冬芽卵圆形。

叶：椭圆形、卵形或宽椭圆形，长 4.5 ~ 10 cm，基部宽楔形或圆，具圆钝锯齿，幼时两面具短柔毛，老后上面无毛；叶柄粗，长 1.5 ~ 3 cm，被短柔毛，托叶披针形，密被短柔毛，早落。

花：伞形花序，具 3 ~ 7 花，集生枝顶；花梗长 1 ~ 2.5 cm，密被绒毛；苞片线状披针形，被绒毛；花径 3 ~ 4 cm；萼筒外面密被绒毛；萼片三角状披针形或三角状卵形，长 6 ~ 8 mm，全缘，两面均密被绒毛；萼片比萼筒长；花瓣倒卵形，长 1.5 ~ 1.8 cm，白色，含苞时带粉红色；雄蕊 20，约等于花瓣之半；花柱 5，下半部密被灰白色绒毛。

果：扁球形，径 7 cm 以上，顶端常有隆起，萼洼下陷，萼片宿存，果柄粗短。

花果期：花期 5 月，果期 7—10 月。

分布与生境：分布于辽宁、河北、山西、山东、陕西、甘肃、四川、云南、西藏等地。适生于山坡梯田、平原旷野以及黄土丘陵等处。

价值：常食水果之一。

珍珠绣线菊 *Spiraea thunbergii*

别名：珍珠花、喷雪花、雪柳

属名：绣线菊属

识别特征：

株：落叶灌木。高达 1.5 m。

枝：小枝有棱角，幼时被短柔毛，老时无毛；冬芽有数枚鳞片。

叶：线状披针形，长 2.5 ～ 4 cm，中部以上有尖锯齿，两面无毛，羽状脉；叶柄长 1 ～ 2 mm，有柔毛。

花：伞形花序无总梗，具花 3 ～ 7 朵，基部簇生数枚小形叶片；花梗长 0.6 ～ 1 cm，无毛；花径 6 ～ 8 mm ；花萼外面无毛，萼片三角形或卵状三角形；花瓣倒卵形或近圆形，长与宽 2 ～ 4 mm，白色；雄蕊 18 ～ 20，长约花瓣 1/3 或更短；花盘具 10 裂片；子房无毛或微被短柔毛，花柱几与雄蕊等长。

果：蓇葖果开张，无毛，宿存花柱近顶生，宿存萼片直立或反折。

花果期：花期 4—5 月，果期 6—7 月。

分布与生境：分布于山东、陕西、辽宁等地。喜光，不耐荫蔽，耐寒，喜生于湿润、排水良好的土壤。

价值：园林绿化、盆栽花，供观赏。

豆科 Fabaceae

野大豆 *Glycine soja*

别名：野毛豆、野黄豆、柴豆

属名：大豆属

识别特征：

株：一年生缠绕草本。长 1 ~ 4 m；全株被褐色长硬毛。

茎：细瘦，小枝纤细。

叶：羽状复叶，具 3 片小叶，顶生小叶先端急尖至钝圆，全缘，两面均被绢状糙伏毛；侧生小叶边缘无锯齿，两面有白色短柔毛。

花：总状花序长约 10 cm，腋生，有 1 ~ 7 朵小花；花小，蝶形，花梗密生黄色长硬毛；苞片披针形；花萼钟状；花冠淡紫红色或白色，密被长毛；花柱短而向一侧弯曲。

果：荚果长圆形，稍弯，两侧扁，密被长硬毛，干时易裂，有种子 2 ~ 3 粒。

种子：椭圆形，稍扁，褐色或黑色。

根：草质，侧根密生于主根上部。

花果期：花期 7—8 月，果期 8—10 月。

分布与生境：除新疆、青海和海南外，遍布全国。生于田边、沟旁、沼泽、沿海和岛屿向阳的矮灌丛或芦苇丛等处，稀见于沿河岸树林下。

价值：全草可入药，治自汗、盗汗等；饲料、绿肥和水土保持植物。

绿豆 *Vigna radiata*

别名：青小豆、菉豆、植豆

属名：豇豆属

识别特征：

株：一年生直立草本。高达 20 ~ 60 cm。

茎：茎被褐色长硬毛。

叶：羽状复叶具 3 小叶；托叶盾状着生，卵形，长 0.8 ~ 1.2 cm，具缘毛；小托叶显著，披针形；小叶卵形，长 5 ~ 16 cm，侧生的多少偏斜，全缘，先端渐尖，基部宽楔形或圆，两面被疏长毛，基部 3 脉明显；叶柄长 5 ~ 21 cm；叶轴长 1.5 ~ 4 cm。

花：总状花序腋生，有花 4 至数朵，最多可达 25 朵；花序梗长 2.5 ~ 9.5 cm；小苞片近宿存，线状披针形或长圆形；花萼管无毛，长 3 ~ 4 mm，裂片窄三角形，长 1.5 ~ 4 mm，上方的一对合生；旗瓣近方形，长 1.2 cm，外面黄绿色，里面带粉红，先端微凹，内弯，无毛，翼瓣卵形，黄色，龙骨瓣镰刀状，绿色而染粉红，右侧有显著的囊。

果：荚果线状圆柱形，平展，长 4 ~ 9 cm，宽 5 ~ 6 mm，被淡褐色散生长硬毛，种子间多少收缩。

种子：8 ~ 14 粒，短圆柱形，长 2.5 ~ 4 mm，宽 2.5 ~ 3 mm，淡绿色或黄褐色，种脐白色而不凹陷。

花果期：花期初夏，果期 6—8 月。

分布与生境：分布于我国各地。各地均有栽培。

价值：可入药，有清凉解毒、利尿明目、降血脂、抗肿瘤等功效；种子和茎被广泛食用。

蝶豆 *Clitoria ternatea*

别名：蝴蝶花豆、蓝花豆、蝴蝶豆

属名：蝶豆属

识别特征：

茎：多年生攀缘状草质藤本。茎、小枝细弱，被伏贴短柔毛。

叶：羽状复叶长 2.5 ～ 5 cm；托叶小，线形，长 2 ～ 5 mm；叶柄长 1.5 ～ 3 cm；总叶轴上面具细沟纹；小叶 5 ～ 7，薄纸质或近膜质，宽椭圆形或近卵形，长 2.5 ～ 5 cm，两端钝，两面疏被贴伏短柔毛或有时近无毛；小托叶小，刚毛状；小叶柄长 1 ～ 2 mm，和叶轴均被短柔毛。

花：大，单朵腋生；苞片 2 枚，披针形；小苞片大，膜质，近圆形，绿色，直径 5 ～ 8 mm，有明显的网脉；花萼长 1.5 ～ 2 cm，5 裂，裂片披针形，长不及萼管的 1/2；花冠蓝、粉红或白色，长 5 ～ 5.5 cm，旗瓣宽倒卵形，径约 3 cm，中央有一白色或橙黄色浅晕，翼瓣倒卵状长圆形，龙骨瓣椭圆形，均远较旗瓣小，各瓣均具瓣柄；雄蕊二体；子房被短柔毛。

果：荚果线状长圆形，长 5 ～ 11 cm，宽约 1 cm，扁平，具长喙。

种子：6 ～ 11 粒，长圆形，长约 6 mm，黑色，具明显种阜。

花果期：花果期 7—10 月。

分布与生境：分布于广东、海南、广西、云南、台湾、浙江和福建等地。性喜温暖、湿润环境，耐半荫、畏霜冻，需日照良好，在排水良好、疏松、肥沃土壤中生长良好。

价值：全株可作绿肥；根、种子有毒；花大而蓝色，可作观赏植物。

草木樨 *Melilotus officinalis*

别名：辟汗草、黄香草木樨

属名：草木樨属

识别特征：

株：两年生草本。高 40 ～ 250 cm，植株具香气。

茎：直立，粗壮，多分枝，具纵棱，微被柔毛。

叶：羽状复叶有 3 片小叶；小叶倒卵形、阔卵形、倒披针形至线形，长 15 ～ 25（～ 30）mm，叶缘具疏锯齿，侧脉 8 ～ 12 对；托叶镰状线形或三角形，中央有 1 条脉纹，全缘或基部有 1 尖齿；叶柄细长。

花：总状花序长 6 ～ 20 cm，腋生，具花 30 ～ 70 朵；苞片刺毛状；花梗与苞片等长或稍长；花萼钟形，脉纹 5 条；花冠黄色，旗瓣倒卵形，与翼瓣近等长，龙骨瓣稍短或三者均近等长。

果：荚果卵形，网脉明显，棕黑色。

种子：1 ～ 2 粒，卵形，黄褐色，平滑，长 2.5 mm。

花果期：花期 5—9 月，果期 6—10 月。

分布与生境：分布于东北、华南、西南等地。生于山坡、河岸、路旁、沙质草地及林缘等处。

价值：地上部分可入药，有清热解毒、消炎等功效；可作牧草。

槐 *Styphnolobium japonicum*

别名：蝴蝶槐、国槐、金药树、豆槐

属名：槐属

识别特征：

株：落叶乔木。高达 25 m。

茎：树皮灰褐色，纵裂。

叶：羽状复叶长 15 ～ 25 cm；叶柄基部膨大，包裹着芽；托叶形状多变，有时呈卵形，叶状，有时线形或钻状，早落；小叶 7 ～ 15，卵状长圆形或卵状披针形，长 2.5 ～ 6 cm，先端渐尖，具小尖头，基部圆或宽楔形，上面深绿色，下面苍白色，疏被短伏毛后无毛；叶柄基部膨大，托叶早落，小托叶宿存，2 枚，钻状。

花：圆锥花序顶生，常呈金字塔形，长达 30 cm；花长 1.2 ～ 1.5 cm，花梗长 2 ～ 3 mm，花萼浅钟状，具 5 浅齿，疏被毛，花冠乳白或黄白色，旗瓣近圆形，长和宽约 11 mm，有紫色脉纹，具短爪，翼瓣较龙骨瓣稍长，有爪；子房无毛，与雄蕊等长；雄蕊 10，不等长。

果：荚果串珠状，长 2.5 ～ 5 cm 或稍长，径约 1 cm，中果皮及内果皮肉质，不裂，具 1 ～ 6 种子，种子间缢缩不明显，排列较紧密。

种子：卵圆形，淡黄绿色，干后褐色。

花果期：花期 6—7 月，果期 8—10 月。

分布与生境：分布于东北、华北、西北等地。生于山坡石砾质草地、草原、沙丘及沿河流两岸的砂地。

价值：牛羊牧草；保持水土。园林绿化；叶、根、果、枝均可药用，有清肝泻火、凉血解毒、散瘀消肿等功效；建筑、船舶、枕木、车辆及雕刻等用材；种仁可酿酒或作糊料、饲料；种子榨油供工业用；槐角的外果皮可提饴糖。

刺槐 *Robinia pseudoacacia*

别名：洋槐、伞形洋槐、刺儿槐

属名：刺槐属

识别特征：

株：落叶乔木。高 10 ~ 25 m，树皮灰褐色至黑褐色，浅裂至深纵裂，稀光滑。

枝：小枝及花梗无毛，褐色或淡褐色，幼时有棱脊；具托叶刺，长可至 2 cm。

叶：羽状复叶，长 10 ~ 25（~ 40）cm，互生，叶轴上面具沟槽；小叶常对生，2 ~ 12 对，椭圆形、长椭圆形或卵形，长 2 ~ 5 cm，全缘，无毛或近无毛；小托叶针芒状。

花：总状花序腋生，长 10 ~ 20 cm，花多，芳香，花序轴及花梗有柔毛；苞片早落；花萼斜钟状，萼齿 5，三角形或卵状三角形，密被柔毛；子房线形，无毛；花冠白色，芳香，长约 1.6 cm。

果：荚果线状长圆形，褐色或具红褐色斑纹，扁平。

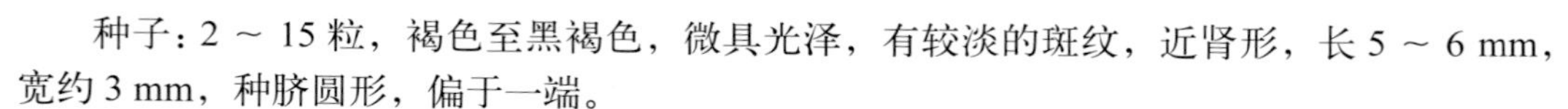

种子：2 ~ 15 粒，褐色至黑褐色，微具光泽，有较淡的斑纹，近肾形，长 5 ~ 6 mm，宽约 3 mm，种脐圆形，偏于一端。

花果期：花期 4—6 月，果期 8—9 月。

分布与生境：分布于我国各地。抗风性差，萌芽力和根蘖性很强。

价值：固沙保土、造林及园林绿化树种；建筑用材；作薪炭、饲料、榨油、香料、蜜源植物；花粉可入药，可用作健胃剂和镇静剂。

刺果甘草 *Glycyrrhiza pallidiflora*

别名：胡苍耳、马狼柴、狗甘草

属名：甘草属

识别特征：

株：多年生草本。高 1 ～ 1.5 m。

茎：直立，多分枝，具条棱，几乎无毛。

叶：羽状复叶长 6 ～ 20 cm，小叶 9 ～ 15，披针形，长 2 ～ 6 cm，托叶披针形，叶柄无毛，边缘具钩状细齿。

花：总状花序腋生，蝶形花密集成球状；总花梗短于叶；苞片卵状披针形，膜质，具腺点；花萼钟状，长 4 ～ 5 mm；萼齿 5，披针形，与萼筒近等长；花冠淡紫色、紫色或淡紫红色，旗瓣卵圆形。

果：果序呈椭圆状，长 1 ～ 1.7 cm，荚果卵圆形，外被刚硬的刺。

种子：2 粒，黑色，圆肾形。

根：根和根状茎无甜味。

花果期：花期 6—7 月，果期 7—9 月。

分布与生境：分布于东北、华北及山东、江苏等地。生于河滩地、岸边、田野、路旁。

价值：果实、根均可入药，有清除自由基、抗氧化作用；茎叶可作绿肥。

蒙古黄芪 *Astragalus mongholicus*

别名：蒙古黄耆

属名：黄芪属

识别特征：

株：多年生草本。高 50 ～ 80 cm。

茎：直立，上部多分枝，有细棱，被白色柔毛。

叶：羽状复叶，有 13 ～ 27 片小叶，长 5 ～ 10 cm；托叶离生；小叶较小，椭圆形或长圆状卵形，长 7 ～ 30 mm，上面绿色，近无毛，下面被伏贴白色柔毛；苞片线状披针形，背面被白色柔毛。

花：总状花序稍密，有 10 ～ 20 朵花；花萼钟状，外被白色或黑色柔毛；花冠黄色或淡黄色，旗瓣倒卵形，长 12 ～ 20 mm，顶端微凹，基部具短瓣柄，翼瓣较旗瓣稍短，瓣片长圆形，基部具短耳，瓣柄较瓣片长约 1.5 倍，龙骨瓣与翼瓣近等长，瓣片半卵形，瓣柄较瓣片稍长；子房有柄，被细柔毛。

果：荚果薄膜质，无毛，稍膨胀，半椭圆形，长 20 ～ 30 mm。

种子：3 ～ 8 粒。

根：主根肥厚，木质，常分枝，灰白色。

花果期：花期 6—8 月，果期 7—9 月。

分布与生境：分布于内蒙古、河北、陕西等地。生于向阳草地及山坡上。

价值：根可入药，有补气固表、利尿排毒、排脓和敛疮生肌等功效。

蔓黄芪 *Phyllolobium chinense*

别名：夏黄耆、沙苑子

属名：蔓黄芪属

识别特征：

茎：多年生草本。单 1 至多数、有棱，稍扁压，通常平卧，长可达 1 m 以上，不分枝或稍分枝，下部通常无毛，上部常有小刚毛。

叶：奇数羽状复叶，具 6 ~ 9 对小叶；托叶离生，披针形，长 2 ~ 3.5 mm；小叶椭圆形或卵状椭圆形，长 5 ~ 17 mm，基部圆，先端钝或圆、稀微凹，全缘，表面无毛，背面密被短伏毛。

花：总状花序腋生，比叶长，花 3 ~ 7 朵，疏生，苍白色或带紫色，长 9 ~ 12 mm；苞片锥形，比花梗稍长或稍短；花萼钟形，长约 6 mm，被白色或黑色短硬毛，萼筒长 2.5 ~ 3 mm，萼齿披针形或近锥形，与萼筒等长或比萼筒稍短，在萼的下方常有两枚小苞片。

果：荚果纺锤状或长圆状，长 25 ~ 35 mm，较膨胀，腹背压扁，顶端具小尖喙，基部有短柄，表面被短毛，1 室，具 10 余至 30 余粒种子。

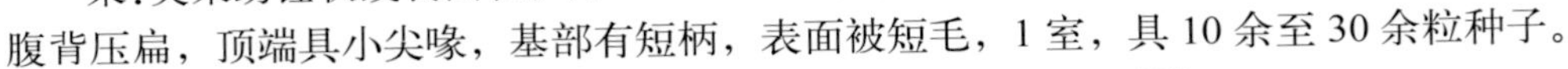

种子：淡棕色，肾形，长 1.5 ~ 2 mm，宽 2.8 ~ 3 mm，平滑。

根：具粗而长的主根。

花果期：花期（7）8—9 月，果期（8）9—10 月。

分布与生境：中国特有种，分布于东北、华北、西北等地。一般多生于较干燥的向阳草地、山坡、路边及轻碱性草甸。

价值：种子煎服入药，主治腰膝酸痛、遗尿、尿频、白带、神经衰弱及视力减退等症。

糙叶黄芪 *Astragalus scaberrimus*

别名：春黄耆、粗糙紫云英、糙叶黄芪、春黄芪

属名：黄芪属

识别特征：

株：多年生草本。密被白色伏贴毛。

茎：根状茎短缩，多分枝，木质化；地上茎不明显或极短，有时伸长而匍匐。

叶：羽状复叶有 7 ～ 15 片小叶，长 5 ～ 17 cm；叶柄与叶轴等长或稍长；托叶下部与叶柄贴生，长 4 ～ 7 mm，上部呈三角形至披针形；小叶椭圆形或近圆形，有时披针形，长 7 ～ 20 mm，宽 3 ～ 8 mm，先端锐尖、渐尖，有时稍钝，基部宽楔形或近圆形，两面密被伏贴毛。

花：总状花序生 3 ～ 5 花，排列紧密或稍稀疏；总花梗极短或长达数厘米，腋生；苞片披针形，较花梗长；花萼管状，长 7 ～ 9 mm，被细伏贴毛，萼齿线状披针形，与萼筒等长或稍短；花冠淡黄色或白色，旗瓣倒卵状椭圆形，先端微凹，中部稍缢缩，下部稍狭成不明显的瓣柄，翼瓣较旗瓣短，瓣片长圆形，先端微凹，较瓣柄长，龙骨瓣较翼瓣短，瓣片半长圆形，与瓣柄等长或稍短；子房有短毛。

果：荚果披针状长圆形，微弯，长 8 ～ 13 mm，宽 2 ～ 4 mm，具短喙，背缝线凹入，革质，密被白色伏贴毛，假 2 室。

花果期：花期 4—8 月，果期 5—9 月。

分布与生境：分布于东北、华北、西北等地。生于山坡石砾质草地、草原、沙丘及沿河流两岸的砂地。

价值：牛羊牧草；保持水土。

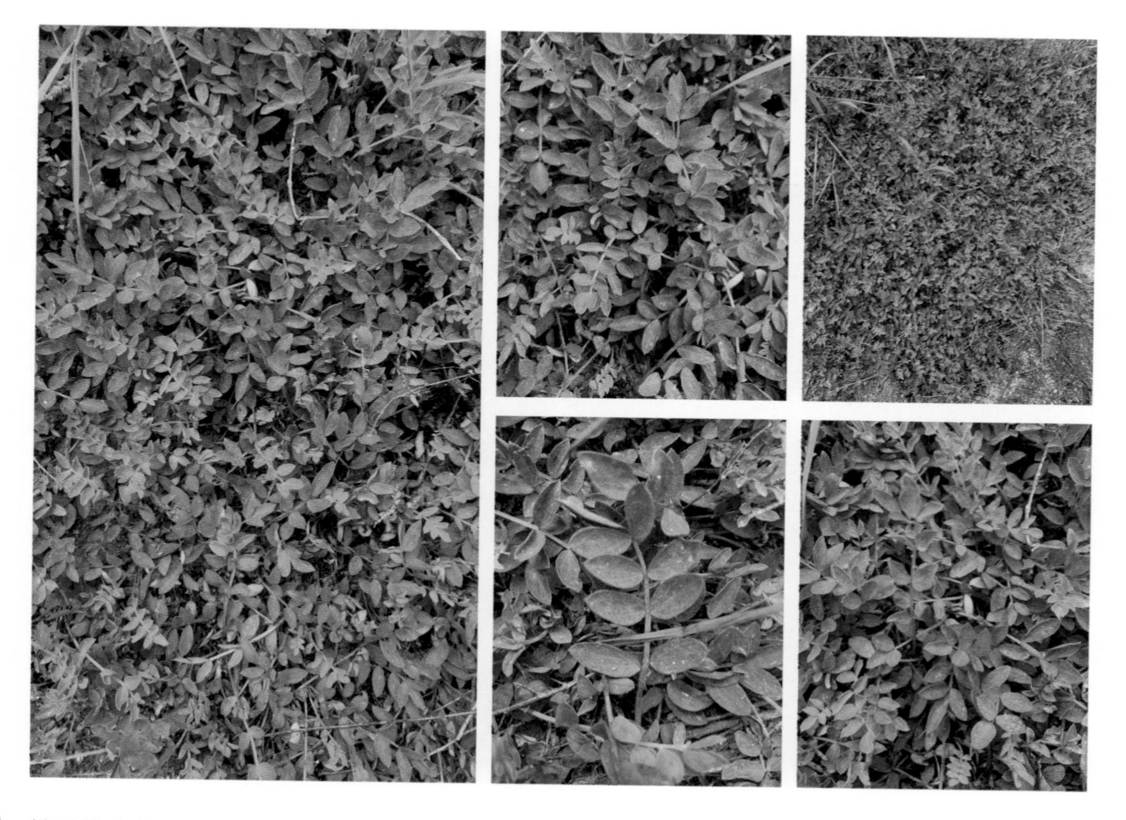

牛枝子 *Lespedeza potaninii*

别名：牛筋子

属名：胡枝子属

识别特征：

株：亚灌木。高 20 ～ 60 cm。

茎：茎斜升或平卧，基部多分枝，被粗硬毛。

叶：托叶刺毛状，长 2 ～ 4 mm；叶具 3 小叶；叶柄长 1 ～ 2 cm；小叶窄长圆形，稀椭圆形或宽椭圆形，长 0.8 ～ 1.5 cm，宽 3 ～ 5 mm，先端圆钝或微凹，具小刺尖，基部稍偏斜，上面无毛，下面被灰白色粗硬毛。

花：总状花序腋生；花序梗长，明显超出叶；花疏生；花萼 5 深裂，裂片披针形，长 5 ～ 8 mm，密被长柔毛；花冠黄白色，稍超出萼裂片，旗瓣中部及龙骨瓣先端带紫色，翼瓣较短；闭锁花腋生，无梗或近无梗。

果：荚果倒卵形，长 3 ～ 4 mm，双凸镜状，密被粗硬毛，藏于宿存萼内。

花果期：花期 7—9 月，果期 9—10 月。

分布与生境：分布于我国各地。生于荒漠草原、草原带的沙质地、砾石地、丘陵地、石质山坡及山麓等处。

价值：优质牧草；抗风沙、再生能力强，可用于固沙和防止土壤侵蚀。

尖叶铁扫帚 *Lespedeza juncea*

别名：尖叶胡枝子

属名：胡枝子属

识别特征：

株：小灌木。高达 1 m，全株被伏毛。

茎：分枝或上部分枝呈扫帚状。

叶：托叶线形；叶具 3 小叶；叶柄长 0.5 ~ 1 cm，小叶倒披针形、线状长圆形或窄长圆形，长 1.5 ~ 3.5 cm，宽 2 ~ 7 mm，先端稍尖或钝圆，有小刺尖，基部楔形，边缘稍反卷，上面近无毛，下面密被贴伏柔毛。

花：总状花序稍超出叶，花 3 ~ 7 朵排列较密集，近似伞形花序；花序梗长；苞片及小苞片卵状披针形或狭披针形，花萼长 3 ~ 4 mm，5 深裂，裂片披针形，被白色贴伏毛，花开后具明显 3 脉；花冠白或淡黄色，旗瓣基部带紫斑，龙骨瓣先端带紫色，旗瓣、翼瓣与龙骨瓣近等长，有时旗瓣较短；闭锁花簇生叶腋，近无梗。

果：荚果宽卵形，两面被白色贴伏柔毛，稍超出宿存萼。

花果期：花期 7—9 月，果期 9—10 月。

分布与生境：分布于黑龙江、吉林、辽宁、内蒙古、河北、山西、甘肃及山东等地。多生于山坡灌丛间。

价值：饲料；绿肥；治理风沙，保持水土，改良土壤，增加地力。

鸡眼草 *Kummerowia striata*

别名： 掐不齐、牛黄黄、公母草

属名： 鸡眼草属

识别特征：

株：一年生草本。高 10 ~ 45 cm。

茎：铺地或上部斜升，多分枝，茎和枝上被倒生的白色细毛。

叶：三出羽状复叶，托叶大，膜质，卵状长圆形，具条纹顶部渐尖，有缘毛，叶柄极短；小叶纸质，倒卵形、长倒卵形或长圆形，全缘，主脉有疏毛。

花：小，单生或 2 ~ 3 朵簇生于叶腋；花萼钟状，带紫色，5 裂，裂片宽卵形，具网状脉，外面及边缘具白毛；花冠粉红色或紫色；龙骨瓣比旗瓣稍长或近等长，翼瓣比龙骨瓣稍短。

果：荚果圆形或倒卵形，两侧略压扁，稍露于萼外，有网纹，被柔毛，具 1 节，1 粒种子，不开裂。

花果期：花期 7—9 月，果期 8—10 月。

分布与生境： 分布于东北、华北、华东、中南、西南等地。生于路旁、田边、溪旁、沙质地或缓山坡草地。

价值： 可药用，有解热止痢、利尿通淋等功效；饲料；绿肥。

紫苜蓿 *Medicago sativa*

别名：苜蓿

属名：苜蓿属

识别特征：

株：多年生草本。高 30 ～ 100 cm。

茎：直立、丛生以至平卧，四棱形，多分枝，无毛或微被柔毛，枝叶茂盛。

叶：羽状三出复叶，托叶大，卵状披针形，有柔毛；小叶叶柄短，长卵形、倒长卵形或线状卵形，长 1 ～ 4 cm，纸质，上面无毛，边缘 1/3 以上具锯齿，深绿色，下面被贴伏柔毛，侧脉 8 ～ 10 对；顶生小叶柄比侧生小叶柄稍长。

花：花序总状或头状，长 1 ～ 2.5 cm，花 5 ～ 30 朵；总花梗挺直，比叶长；苞片线状锥形，比花梗长或等长；花长 0.6 ～ 1.2 cm；花萼钟形，被长柔毛，萼齿 5，线状锥形，被贴伏柔毛；子房线形，具柔毛，花柱短宽，柱头点状，胚珠多数。

果：荚果螺旋状，紧卷 2 ～ 6 圈，中央无孔或近无孔，脉纹细，不清晰，不开裂，有 10 ～ 20 种子。

种子：卵形或肾形，平滑，黄褐色、黄色或棕色。

根：粗壮，深入土层，根茎发达，有长主根，时有分枝。

花果期：花期 5—7 月，果期 6—8 月。

分布与生境：分布于我国各地。生于田边、路旁、旷野、草原、河岸及沟谷等地。

价值：可药用，有降低胆固醇、消退动脉粥样硬化斑块、调节免疫、抗氧化、防衰老等功效；可食用和作牧草；水土保持。

大花野豌豆 *Vicia bungei*

别名：山黧豆，山豌豆

属名：野豌豆属

识别特征：

株：一或两年生缠绕或匍匐草本。高 15 ~ 30 cm。

茎：茎有棱，多分枝，无毛或疏被细柔毛。

叶：偶数羽状复叶，叶轴末端有卷须，有分枝；小叶长圆形、线状长圆形或倒卵形，长 1 ~ 2.5 cm，全缘，表面无毛，背面疏生细毛。

花：总状花序腋生，比叶稍长，具 2 ~ 3 朵花；萼钟形，被疏柔毛，萼齿披针形；花冠红紫色或金蓝紫色，旗瓣倒卵披针形，先端微缺，翼瓣短于旗瓣，长于龙骨瓣；子房柄细长，沿腹缝线被金色绢毛，花柱上部被长柔毛。

果：荚果长圆形，稍膨胀或扁，长 2.5 ~ 3.5 cm。

花果期：花期 4—5 月，果期 6—7 月。

分布与生境：分布于东北、华北、西北、山东、安徽等地。生于山坡、谷地、草丛、田边及路旁等处。

价值：全草可入药，花可治中风后口眼歪斜、吐血、咯血、肺热咳嗽等症，种仁治水肿，果荚治脓疮、水火烫伤，叶治无名肿毒和蛇咬伤等；饲料；绿肥。

紫穗槐 *Amorpha fruticosa*

别名：穗花槐、棉槐、椒条

属名：紫穗槐属

识别特征：

株：落叶灌木，丛生。高 1 ~ 4 m。

茎：小枝灰褐色，被疏毛，后变无毛，嫩枝密被短柔毛。

叶：叶互生，奇数羽状复叶长 10 ~ 15 cm，有小叶 11 ~ 25，基部有线形托叶；叶柄长 1 ~ 2 cm；小叶卵形或椭圆形，长 1 ~ 4 cm，宽 0.6 ~ 2.0 cm，先端圆形，锐尖或微凹，基部宽楔形或圆形，上面无毛或被疏毛，下面有白色短柔毛，具黑色腺点。

花：穗状花序常 1 至数个，顶生或枝端腋生，长 7 ~ 15 cm，密被短柔毛；花有短梗；苞片长 3 ~ 4 mm；花萼长 2 ~ 3 mm，被疏毛或几无毛，萼齿三角形，较萼筒短；旗瓣心形，紫色，无翼瓣和龙骨瓣；雄蕊 10，下部合生成鞘，上部分裂，包于旗瓣之中，伸出花冠外。

果：荚果下垂，长 6 ~ 10 mm，宽 2 ~ 3 mm，微弯曲，顶端具小尖，棕褐色，表面有凸起的疣状腺点。

花果期：花果期 5—10 月。

分布与生境：我国东北、华北、西北及山东、安徽、江苏、河南、湖北、广西、四川等地均有栽培。耐贫瘠、水湿和轻度盐碱土。

价值：药用可祛湿消肿；园林绿化；编筐；饲料；防护林。

山皂荚 *Gleditsia japonica*

别名：山皂角、皂荚树、皂角树

属名：皂荚属

识别特征：

株：落叶乔木或小乔木。高达 25 m。

茎：刺略扁，常分枝，长 2 ～ 15.5 cm。

枝：小枝紫褐色或脱皮后呈灰绿色，微有棱，具分散的白色皮孔，光滑无毛；刺略扁，粗壮，紫褐色至棕黑色，常分枝，长 2 ～ 15.5 cm。

叶：一回或二回羽状复叶，羽片 2 ～ 6 对，长 11 ～ 25 cm；小叶 3 ～ 10 对，卵状长圆形、卵状披针形或长圆形，长 2 ～ 7（～ 9）cm，宽 1 ～ 3（4）cm，先端圆钝，有时微凹，基部宽楔形或圆，微偏斜，全缘叶或具波状疏圆齿，上面网脉不明显；小叶柄极短。

花：黄绿色，组成穗状花序，腋生或顶生，雄花序长 8 ～ 20 cm，雌花序长 5 ～ 16 cm；雄花径 5 ～ 6 mm，花萼管外面密被褐色短柔毛，裂片 3 ～ 4，两面均被柔毛，花瓣 4，长约 2 mm，被柔毛，雄蕊 6 ～ 8（9）；雌花径 5 ～ 6 mm，萼片和花瓣均为 4 ～ 5，长约 3 mm，两面密被柔毛，不育雄蕊 4 ～ 8，子房无毛，花柱短，下弯，2 裂；胚珠多数。

果：荚果带形，扁平，长 20 ～ 35 cm，不规则旋扭或弯曲作镰刀状，果颈长 1.5 ～ 3.5（～ 5）cm，果瓣革质，常具泡状隆起。

种子：种子多数，椭圆形，长 9 ～ 10 mm。

花果期：花期 4—6 月，果期 6—11 月。

分布与生境：分布于辽宁、河北、山东、河南、江苏、安徽、浙江、江西、湖南等地。生于向阳山坡或谷地、溪边路旁。

价值：荚果含皂素，可代肥皂；可作染料；种子可入药；嫩叶可食；建筑、器具、支柱等用材。

田菁 *Sesbania cannabina*

别名：向天蜈蚣

属名：田菁属

识别特征：

株：一年生亚灌木状草本。高 2 ～ 3.5 m。

茎：绿色，有时带褐红色，微被白粉，有不明显淡绿色线纹。

叶：叶轴长 15 ～ 25 cm，上面具沟槽，幼时疏被绢毛，后无毛；偶数羽状复叶有小叶 20 ～ 30（～ 40）对，小叶线状长圆形，长 0.8 ～ 2 cm，先端钝或平截，基部圆，两侧不对称，两面被紫褐色小腺点，幼时下面疏生绢毛；小托叶钻形，宿存。

花：总状花序长 3 ～ 10 cm，具 2 ～ 6 朵花，小枝疏生白色绢毛，与叶轴及花序轴均无皮刺；花萼斜钟状，长 3 ～ 4 mm，无毛，萼齿短三角形；花冠黄色，旗瓣横椭圆形至近圆形，长 9 ～ 10 mm，先端微凹至圆形，基部近圆形，外面散生大小不等的紫黑点和线，翼瓣倒卵状长圆形，与旗瓣近等长，基部具短耳，中部具较深色的斑块，并横向皱折，龙骨瓣较翼瓣短，三角状阔卵形，长宽近相等，先端圆钝，平三角形，瓣柄长约 4.5 mm。

果：荚果细长圆柱形，具喙，长 12 ～ 22 cm，宽 2.5 ～ 3.5 mm，具 20 ～ 35 种子，种子间具横隔。

种子：绿褐色，有光泽，短圆柱形，长 3 ～ 4 mm，径 1.5 ～ 3 mm，种脐圆形，稍偏于一端。

花果期：花果期 7—12 月。

分布与生境：分布于海南、江苏、浙江、江西、福建、广西、云南等地。通常生于水田、水沟等潮湿低地。

价值：茎、叶可作绿肥及牲畜饲料。

牻牛儿苗科 Geraniaceae

牻牛儿苗 *Erodium stephanianum*

别名：太阳花

属名：牻牛儿苗属

识别特征：

株：多年生草本。高 15 ～ 50 cm。

茎：多数，仰卧或蔓生，被柔毛。

叶：对生，托叶三角状披针形，分离，被疏柔毛，边缘具缘毛；基生叶和茎下部叶具长柄；叶片卵形或三角状卵形，基部心形，长 5 ～ 10 cm；2 回羽状深裂，小裂片卵状条形，全缘或疏生齿，上面疏被伏毛，下面被柔毛，沿脉毛被较密。

花：伞形花序具 2 ～ 5 花，腋生，花序梗被开展长柔毛和倒向短柔毛；苞片狭披针形，分离；萼片长圆状卵形，长 6 ～ 8 mm，先端具长芒，被长糙毛；花瓣紫红色，倒卵形，先端圆或微凹；雄蕊稍长于萼片，花丝紫色；雌

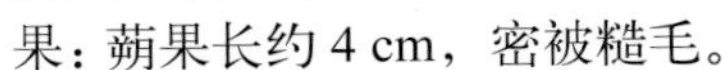

蕊被糙毛，花柱紫红色。

果：蒴果长约 4 cm，密被糙毛。

种子：褐色，具斑点。

根：直根，较粗壮，少分枝。

花果期：花期 6—8 月，果期 8—9 月。

分布与生境：分布于长江中下游以北的华北、东北、西北、四川西北和西藏等地。生于山坡、农田边、沙质河滩地和草原凹地等。

价值：全草可入药，有祛风湿、活血通络、清热解毒、调经、明目等功效。

鼠掌老鹳草 *Geranium sibiricum*

别名：鼠掌草、西伯利亚老鹳草

属名：老鹳草属

识别特征：

株：一年生多年生草本。高 30 ～ 70 cm。

茎：纤细，仰卧或近直立，多分枝，具棱槽，疏被倒向柔毛。

叶：对生，肾状五角形，基部宽心形，长 3 ～ 6 cm，掌状 5 深裂，裂片倒卵形至长椭圆形，先端锐尖，中部以上齿状羽裂或齿状深缺刻，下部楔形，两面被疏伏毛，背面沿脉被毛较密；上部叶片具短柄，3 ～ 5 裂。

花：总花梗丝状，单生于叶腋，长于叶，被倒向柔毛或伏毛，具 1 花或偶具 2 花；萼片卵状椭圆形或卵状披针形，长约 5 mm；花瓣倒卵形，白或淡紫红色，先端微凹或缺刻，基部具短爪；花丝扩大成披针形，具缘毛。

果：蒴果长 15 ～ 18 mm，被疏柔毛，果柄下垂。

种子：肾状椭圆形，黑色，长约 2 mm。

根：具直根，有时具不多的分枝。

花果期：花期 6—7 月，果期 8—9 月。

分布与生境：分布于我国各地。生于平原、低山荒坡杂草丛和田野中。

价值：牲畜饲料；药用，可治疗疱疹性角膜炎。

大戟科 Euphorbiaceae

地锦草 *Euphorbia humifusa*

别名：铺地锦、地锦、红丝草

属名：大戟属

识别特征：

株：一年生匍匐草本。长 20 ~ 30 cm。

茎：匍匐，自基部以上多分枝，偶尔先端斜向上伸展，基部红色或淡红色，被柔毛。

叶：单叶对生，叶片矩圆形或椭圆形，叶面绿色，叶背淡绿色，有时淡红色，两面疏被柔毛；叶柄极短。

花：杯状花序单生于叶腋，具 1 ~ 3 mm 短柄；总苞陀螺状，边缘四裂，裂片三角形；雄花数枚，近与总苞边缘等长；雌花 1 枚，子房柄伸出至总苞边缘；子房三棱状卵形，光滑无毛；花柱 3，分离；柱头 2 裂。

果：蒴果三棱状卵球形，长约 2 mm，直径约 2.2 mm，成熟时分裂为 3 个分果爿；花柱宿存。

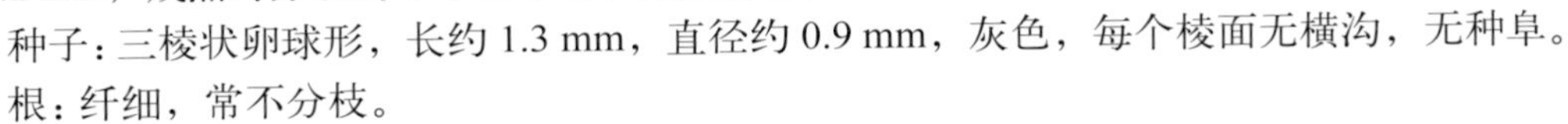

种子：三棱状卵球形，长约 1.3 mm，直径约 0.9 mm，灰色，每个棱面无横沟，无种阜。

根：纤细，常不分枝。

花果期：花果期 5—10 月。

分布与生境：除海南外，分布于全国。生于原野荒地、路旁、田间、沙丘、海滩、山坡等地。

价值：全草可入药，有清热解毒、止血杀虫等作用。

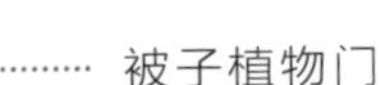

铁苋菜 *Acalypha australis*

别名：海蚌含珠、蚌壳草

属名：铁苋菜属

识别特征：

株：一年生草本。高 20 ～ 50 cm。

枝：小枝细长，被贴生柔毛。

叶：膜质，边缘具圆锯，上面无毛，下面沿中脉具柔毛，叶柄具短柔毛；托叶披针形，长 3 ～ 9 cm，先端短渐尖，基部楔形，具圆齿，基出脉 3 条，侧脉 3 ～ 4 对；具短柔毛。

花：雌雄花同序，花序长 1.5 ～ 5 cm，腋生，很少顶生，花序轴具短毛；雌花苞片卵状心形，长 1.5 ～ 2.5 cm，花后增大，边缘具三角形齿，苞腋具雌花 1 ～ 3 朵，无花梗；雄花生于花序上部，苞片卵形，苞腋具雄花 5 ～ 7 朵，簇生。

果：蒴果绿色，径 4 mm，具 3 个分果爿，果皮具疏生毛和毛基变厚的小瘤体。

种子：近卵状，长 1.5 ～ 2 mm，种皮平滑，假种阜细长。

花果期：花果期 4—12 月。

分布与生境：除西部高原或干燥地区外，我国大部分地区均有分布。生于平原或山坡较湿润耕地、空旷草地、石灰岩山疏林下。

价值：嫩叶可食用；全草或地上部分入药，有清热解毒、利湿消积、收敛止血等功效。

苦木科 Simaroubaceae

臭椿 *Ailanthus altissima*

别名：臭椿皮、大果臭椿

属名：臭椿属

识别特征：

株：落叶乔木。高达 20 m，树皮平滑而有直纹。

茎：嫩枝有髓，幼时被黄或黄褐色柔毛，后脱落。

叶：奇数羽状复叶，长 40 ～ 60 cm，叶柄长 7 ～ 13 cm；小叶 13 ～ 27，对生或近对生，纸质，卵状披针形，长 7 ～ 13 cm，宽 2.5 ～ 4 cm，先端长渐尖，基部平截或稍圆，两侧各具 1 或 2 个粗锯齿，齿背有腺体，下面灰绿色，揉碎后具臭味。

花：圆锥花序长达 10 ～ 30 cm；花淡绿色，萼片 5，覆瓦状排列；花瓣 5，镊合状排列，基部两侧被硬粗毛；雄蕊 10，着生于花盘基部；花丝基部密被硬粗毛；雄花中的花丝长于花瓣，雌花中的花丝短于花瓣；花药长圆形；心皮 5，花柱粘合，柱头 5 裂。

果：翅果长椭圆形，长 3 ～ 4.5 cm，宽 1 ～ 1.2 cm。

种子：扁圆形，位于翅的中间。

花果期：花期 4—5 月，果期 8—10 月。

分布与生境：除黑龙江、吉林、新疆、青海、宁夏、海南外，各地均有分布。喜光，不耐阴，适应性强，除黏土外，中性、酸性及钙质土均能生长。

价值：树干可作木材；叶可饲椿蚕；树皮、根皮、果实均可入药，有清热利湿、收敛止痢等功效。

锦葵科 Malvaceae

野西瓜苗 *Hibiscus trionum*

别名：香铃草、灯笼花、小秋葵、火炮草

属名：木槿属

识别特征：

株：一年生直立或平卧草本。高 20 ~ 70 cm。

茎：柔软，被白色星状粗毛。

叶：二型，下部叶圆形，不分裂，上部叶掌状 3 ~ 5 深裂，径 3 ~ 6 cm；叶柄长 2 ~ 4 cm，被星状粗硬毛和星状柔毛；托叶线形，长约 7 mm，被星状粗硬毛。

花：单生于叶腋，花梗长 1 ~ 2.5 cm，被星状粗硬毛；小苞片 12，线形，被粗长硬毛，基部合生；花萼钟形，淡绿色，长 1 ~ 2 cm，被粗长硬毛或星状粗长硬毛；裂片 5，膜质，三角形，具纵向紫色条纹；花淡黄色，内面基部紫色，花瓣 5，倒卵形，外面疏被极细柔毛；花丝纤细，花药黄色。

果：蒴果长圆状球形，被粗硬毛，果爿 5，果皮薄，黑色。

种子：肾形，黑色，具腺状突起。

花果期：花期 7—10 月，果期 8—12 月。

分布与生境：分布于我国各地。多生于沟渠、田边、路旁、居民点附近及荒坡、旷野。

价值：全草入药，有清热解毒、祛风除湿、止咳、利尿等功效；嫩叶可食用；可作饲料。

苘麻 *Abutilon theophrasti*

别名：青麻、椿麻、车轮草

属名：苘麻属

识别特征：

株：一年生亚灌木状草本。高 1 ～ 2 m。

茎：茎枝被柔毛。

叶：互生，圆心形，长 5 ～ 10 cm，边缘具细圆锯齿，两面均密被星状柔毛；叶柄被星状细柔毛；托叶早落。

花：单生于叶腋，被柔毛，近顶端具节；花萼杯状，密被短绒毛，裂片 5，卵形；花黄色，花瓣倒卵形，雄蕊柱平滑无毛，心皮 15 ～ 20，长 1 ～ 1.5 cm，顶端平截，具扩展、被毛的长芒 2，排列成轮状，密被软毛。

果：蒴果半球形，分果爿 15 ～ 20，被粗毛，顶端具长芒。

种子：肾形，褐色，被星状柔毛。

花果期：花期 7—8 月，果期 8—9 月。

分布与生境：除青藏高原外，我国其他各地均有分布。常见于路旁、荒地和田野间。

价值：纺织材料；种子可制皂、油漆和工业用润滑油；全草可入药，有清热、利湿、解毒等功效。

堇菜科 Violaceae

紫花地丁 *Viola philippica*

别名：野堇菜、光瓣堇菜、光萼堇菜

属名：堇菜属

识别特征：

株：多年生草本。高达 4 ～ 14（～ 20）cm。

茎：根状茎短，垂直，节密生，淡褐色；无地上茎。

叶：基生叶莲座状；下部叶较小，三角状卵形或窄卵形，上部叶较大，圆形、窄卵状披针形或长圆状卵形，长 1.5 ～ 4 cm，先端圆钝，基部平截或楔形，具圆齿，两面无毛或被细毛，果期叶长达 10 cm；叶柄果期上部具宽翅，托叶膜质，离生部分线状披针形，疏生流苏状细齿或近全缘。

花：紫堇色或淡紫色，稀白色或侧方花瓣粉红色，喉部有紫色条纹；花梗与叶等长或高出于叶片，中部有两枚线形小苞片；萼片卵状披针形或披针形，长 5 ～ 7 mm，基部附属物短；花瓣倒卵形或长圆状倒卵形，侧瓣长 1 ～ 1.2 cm，内面无毛或有须毛，下瓣连管状距长 1.3 ～ 2 cm，有紫色脉纹；柱头三角形，两侧及后方具微隆起的缘边，顶部略平，前方具短喙。

果：蒴果长圆形，长 5 ～ 12 mm，无毛。

花果期：花果期 4—9 月。

分布与生境：分布于我国各地。生于田间、荒地、山坡草丛、林缘或灌丛中。

价值：幼苗嫩茎可食用；园林观赏植物。

柽柳科 Tamaricaceae

柽柳 *Tamarix chinensis*

别名： 三春柳、西湖杨、观音柳、红筋条

属名： 柽柳属

识别特征：

株：落叶乔木或灌木。高 3 ～ 8 m。

枝：幼枝稠密柔弱，开展而下垂，红紫色或暗紫红色，有光泽；老枝直立，暗褐红色，光亮。

叶：鲜绿色，从去年生木质化生长枝上生出的绿色营养枝上的叶长圆状披针形或长卵形，长 1.5 ～ 1.8 mm，稍开展，薄膜质，半贴生，先端渐尖而内弯，基部变窄，长 1 ～ 3 mm，背面有龙骨状突起。

花：总状花序多松散弯曲，长 3 ～ 6 cm，花大而稀疏；有短总花梗，或无梗；萼片 5，狭长卵形；花瓣 5，粉红色，通常卵状椭圆形或椭圆状倒

卵形；花盘 5 裂，紫红色，肉质；雄蕊 5；子房圆锥状瓶形，花柱 3，棍棒状，长约为子房之半。

果：蒴果圆锥形。

花果期：花期 4—9 月，果期 6—10 月。

分布与生境： 分布于辽宁、河北、河南、山东、江苏、安徽等地区。生于海滨、滩头、潮湿盐碱地和沙荒地。

价值： 庭园观赏；枝条用于编筐和农具柄把；防风固沙、改造盐碱地、绿化环境；药用，治疗慢性气管炎等症。

千屈菜科 Lythraceae

千屈菜 *Lythrum salicaria*

别名：水柳、光千屈菜、对叶莲

属名：千屈菜属

识别特征：

株：多年生草本。高 30 ～ 100 cm。

茎：粗壮，直立，多分枝，全株青绿色，略被粗毛或密被绒毛，枝通常具 4 棱。

叶：对生或 3 片轮生，披针形或宽披针形，长 4 ～ 6（10）cm，宽 0.8 ～ 1.5 cm，先端钝或短尖，基部圆或心形，有时稍抱茎，无柄。

花：聚伞花序簇生，花梗及花序梗甚短，花枝似一大型穗状花序；苞片宽披针形或三角状卵形，长 5 ～ 12 mm；花瓣 6，红紫色或淡紫色，倒披针状长椭圆形；雄蕊 12，6 长 6 短，伸出萼筒之外；子房 2 室，花柱长短不一。

果：蒴果扁圆形。

根：横卧于地下，粗壮。

花果期：花期 6—10 月，果期 9—12 月。

分布与生境：分布于我国各地。生于河岸、湖畔、溪沟边和潮湿草地。

价值：全草可入药，有治肠炎、痢疾、便血之功效，外用于外伤出血；园林花卉；嫩叶可食用。

柳叶菜科 Onagraceae

月见草 *Oenothera biennis*

别名：夜来香、山芝麻

属名：月见草属

识别特征：

株：二年生直立粗壮草本。高达 50 ~ 200 cm。

茎：被曲柔毛与伸展长毛，在茎枝上端常混生有腺毛。

叶：基生莲座叶丛紧贴地面；基生叶倒披针形，长 10 ~ 25 cm，先端锐尖，基部楔形，边缘疏生不整齐的浅钝齿，侧脉每侧 12 ~ 15 条，两面被曲柔毛与长毛，叶柄长 1.5 ~ 3 cm；茎生叶椭圆形至倒披针形，长 7 ~ 20 cm，宽 1 ~ 5 cm，先端锐尖至短渐尖，基部楔形，边缘每边有 5 ~ 19 枚稀疏钝齿，侧脉每侧 6 ~ 12 条，每边两面被曲柔毛与长毛，尤茎上部的叶下面与叶缘常混生有腺毛；叶柄长 0 ~ 15 mm。

花：穗状花序，不分枝，或在主序下面具次级侧生花序；苞片叶状，长 1.5 ~ 9 cm，宿存；萼片长圆状披针形，长 1.8 ~ 2.2 cm，先端尾状，自基部反折，又在中部上翻；花瓣黄色，稀淡黄色，宽倒卵形，长 2.5 ~ 3 cm，先端微凹；子房绿色，圆柱状，具 4 棱，长 1 ~ 1.2 cm，密被伸展长毛与短腺毛，花柱长 3.5 ~ 5 cm，伸出花筒部分长 0.7 ~ 1.5 cm，柱头裂片长 3 ~ 5 mm。

果：蒴果锥状圆柱形，向上变狭，长 2 ~ 3.5 cm，直立，绿色，具棱。

种子：在果中呈水平排列，暗褐色，棱形，长 1 ~ 1.5 mm，具棱角和不整齐洼点。

花果期：花期 4—8 月，果期 5—9 月。

分布与生境：分布于东北、华北、华东、西南等地。多生于开旷荒坡路旁。

价值：可药用，对高胆固醇、粥样硬化及脑血栓等症有显著疗效；栽培观赏；花可提制芳香油；种子可榨油食用和药用；茎皮纤维可制绳。

木樨科 Oleaceae

欧梣 *Fraxinus excelsior*

别名：欧洲白蜡树

属名：梣属

识别特征：

株：落叶乔木。树高 21 ~ 24 m，宽 18 ~ 27 m，树冠卵形或圆形。

茎：树皮灰褐色，芽黑色，有 2 ~ 3 对鳞片覆盖，有毛。

叶：奇数羽状复叶对生，长 25 ~ 30 cm；小叶 7 ~ 11，长卵形或披针形，新叶出现比其他白蜡树晚。

花：两性或杂性，无花冠，3 ~ 200 朵组成簇生的圆锥花序，绿色或带紫色，早春先叶开放，一般 30 年树龄的植株才开花。

果：翅果，长 2.5 ~ 5 cm，绿色，冬季变成褐色。

花果期：花期 3—4 月，果期 5—9 月。

分布与生境：分布于东北、华北、西北等地。喜肥沃湿润、深厚、排水良好的疏松土壤或石灰质土壤。

价值：园林绿化，行道树；运动器械、车体、船体用材；叶片有消炎、排水和抗氧化之功效。

水蜡 *Ligustrum obtusifolium*

别名：钝叶女贞、钝叶水蜡树

属名：女贞属

识别特征：

株：落叶多分枝灌木。高 0.5 ～ 3 m。

枝：小枝淡棕色或棕色，圆柱形，被微柔毛或柔毛。

叶：叶片纸质，长椭圆形或倒卵状长椭圆形，长 1.5 ～ 6 cm，基部楔形，两面无毛，稀疏被短柔毛或仅沿下面中脉疏被短柔毛，侧脉 4 ～ 7 对；叶柄长 1 ～ 2 mm，无毛或被柔毛。

花：圆锥花序着生于小枝顶端，长 1.5 ～ 4 cm；花序轴、花梗、花萼均被柔毛；花梗长不及 2 mm；花萼长 1.5 ～ 2 mm，截形或萼齿呈灌浅三角形；花冠管长 3.5 ～ 6 mm，裂片狭卵形至披针形，长 2 ～ 4 mm；雄蕊长达花冠裂片中部。

果：近球形或宽椭圆形，长 5 ～ 8 mm，径 4 ～ 6 mm，成熟时紫黑色。

花果期：花期 5—6 月，果期 8—10 月。

分布与生境：分布于黑龙江、辽宁、山东、江苏及浙江舟山群岛。生于山坡、山沟石缝、山涧林下和田边、水沟旁。

价值：园林绿化。

金钟花 *Forsythia viridissima*

别名：迎春柳、金铃花

属名：连翘属

识别特征：

株：落叶灌木。高可达 3 m；全株除花萼裂片边缘具睫毛外，余无毛。

枝：小枝具片状髓。

茎：直立；枝茎丛生，小枝绿色或黄绿色，四棱形。

叶：单叶对生，叶片长椭圆形至披针形，或倒卵状长椭圆形，长 3.5 ~ 15 cm，薄革质或纸质，上面深绿色，下面淡绿色，两面无毛，边缘中部以上有锯齿；叶柄长 0.6 ~ 1.2 cm。

花：1 ~ 3(4)朵生于叶腋，先于叶开放；花梗长 3 ~ 7 mm；花萼卵形、宽卵形或宽长圆形，长 2 ~ 4 mm，具睫毛；花冠钟状，深黄色，花冠筒长 5 ~ 6 mm，4 裂，裂片狭长圆形至长圆形，长 1.1 ~ 2.5 cm，内面基部具橘黄色条纹，反卷。

果：蒴果卵形或宽卵形，长 1 ~ 1.5 cm，基部稍圆，先端喙状渐尖，具皮孔；果梗长 3 ~ 7 mm。

花果期：花期 3—4 月，果期 8—11 月。

分布与生境：分布于江苏、江西、湖北、湖南等地。生于山地、谷地或河谷边林缘，溪沟边或山坡路旁灌丛中。

价值：园林观赏；果实可入药，有解毒、祛湿、泻火等功效。

红丁香 *Syringa villosa*

别名：香多罗

属名：丁香属

识别特征：

株：落叶灌木。高达 4 m。

枝：小枝淡灰色，无毛或被微柔毛。

叶：卵形或椭圆形，长 4 ～ 11 cm，先端尖或短渐尖，基部楔形或近圆，上面无毛，下面粉绿色，贴生疏柔毛或沿叶脉被柔毛；叶柄长 0.8 ～ 2.5 cm，无毛或被柔毛。

花：圆锥花序直立，由顶芽抽生；花序轴、花梗及花萼无毛，或被柔毛；花梗长 0.5 ～ 1.5 cm；花萼钟状，长 2 ～ 4 mm，宿存，萼齿锐尖或钝；花冠漏斗状、高脚碟状或近幅状，淡紫红或白色，花冠筒细，近圆柱形，长 0.7 ～ 1.5 cm；花药黄色，位于花冠筒喉部或稍凸出。

果：蒴果长圆形，长 1 ～ 1.5 cm，顶端凸尖，皮孔不明显。

花果期：花期 5—6 月，果期 9 月。

分布与生境：分布于河北、山西等地。生于山坡灌丛或沟边、河旁。

价值：用于庭院种植和草坪美化；花可提取丁香酚，有治疗牙科疾病、防腐止痛等功效，对肺炎双球菌、流感细菌等也有一定的抑制作用；根、茎可入药，具清心解热、镇咳化痰、顺气平喘等功效。

夹竹桃科 Apocynaceae

鹅绒藤 *Cynanchum chinense*

别名：祖子花、羊奶角角、牛皮消、老牛肿

属名：夹竹桃属

识别特征：

株：缠绕草质藤本。全株长达 4 m，被短柔毛，有乳汁。

叶：对生，薄纸质，宽三角状心形，顶端锐尖，基部心形，叶面深绿色，叶背苍白色，两面均被短柔毛，脉上较密；侧脉约 10 对，在叶背略为隆起。

花：伞形聚伞花序腋生，两歧分枝，着花约 20 朵，花两性，辐射对称；花萼外面被柔毛，花冠白色，裂片长圆状披针形，副花冠二形，杯状，上端裂成 10 个丝状体，分为两轮，外轮约与花冠裂片等长，内轮略短。

果：蓇葖果双生或仅有一个发育，细圆柱状，向端部渐尖。

种子：长圆形，种毛白色绢质。

根：主根纤细，圆柱状，长约 20 cm，干后灰黄色。

花果期：花期 6—8 月，果期 8—10 月。

分布与生境：分布于辽宁、河北、河南、山东、宁夏、江苏、浙江等地。生于山坡向阳的灌木丛中或路旁、河畔、田埂边。

价值：茎中的白色浆乳汁及根可入药，有清热解毒、消积健胃、利水消肿等功效。

罗布麻 *Apocynum venetum*

别名：红麻、茶叶花、红柳子

属名：罗布麻属

识别特征：

株：直立落叶半灌木。高 1.5 ~ 3.0 m，一般高约 2 m，最高可达 4 m，具乳汁。

枝：枝条对生或互生，圆筒形，光滑无毛，紫红色或淡红色。

叶：对生，仅在分枝处为近对生，叶片椭圆状披针形至卵圆状长圆形，长 1 ~ 5 cm，叶缘具细锯齿，两面无毛；叶脉纤细，叶柄长 3 ~ 6 mm，叶柄间具腺体，老时脱落。

花：圆锥状聚伞花序通常顶生，有时腋生，花梗长约 4 mm，被短柔毛；苞片膜质，披针形，长约 4 mm；花萼 5 深裂，两面被短柔毛，边缘膜质，长约 1.5 mm；花冠圆筒状钟形，紫红色或粉红色，两面密被颗粒状突起，花冠筒长 6 ~ 8 mm；雄蕊着生在花冠筒基部，与副花冠裂片互生；雌蕊长 2 ~ 2.5 mm，花柱短，上部膨大，下部缩小，柱头基部盘状，顶端钝，2 裂。

果：蓇葖果 2，平行或叉生，下垂，箸状圆筒形，长 8 ~ 20 cm，外果皮棕色，无毛。

种子：多数，卵圆状长圆形，黄褐色，长 2 ~ 3 mm。

花果期：花期 4—9 月，果期 7—12 月。

分布与生境：分布于新疆、甘肃、陕西、河南、山东等地。生于盐碱荒地和沙漠边缘及河流两岸、冲积平原、湖泊周围及戈壁荒滩上。

价值：叶或全草可入药，有清火、降压、强心、利尿等功效，可治头痛、眩晕、高血压、心脏病等症；天然纺织原料。

萝藦 *Metaplexis japonica*

别名：芄兰、白环藤、羊婆奶

属名：萝藦属

识别特征：

株：多年生草质藤本。长达 8 m，具乳汁。

茎：幼茎密被短柔毛，老渐脱落。

叶：膜质，卵状心形，长 5 ～ 12 cm，先端短渐尖，基部心形，长 1 ～ 2 cm，叶面绿色，叶背粉绿色，两面无毛，或幼时被微毛，侧脉 10 ～ 12 对；叶柄长 3 ～ 6 cm，顶端具簇生腺体。

花：聚伞花序具 13 ～ 20 花，花两性，辐射对称；花序梗长 6 ～ 12 cm，被短柔毛；小苞片膜质，披针形，长约 3 mm；花梗长约 8 mm，被微毛，着花通常 13 ～ 15 朵；花蕾圆锥状，顶端骤尖；花萼裂片披针形，长 5 ～ 7 mm，被微毛；花冠近辐状，白色，有时具淡紫色斑纹，花冠筒短，裂片 5，披针形，向左覆盖，内面被柔毛，副花冠环状，着生于合蕊冠上，5 短裂；柱头 2 裂。

果：蓇葖叉生，纺锤形，平滑无毛，长 8 ～ 9 cm，直径 2 cm，顶端急尖，基部膨大；

种子：扁平，卵圆形，长 5 mm，宽 3 mm，有膜质边缘，褐色，顶端具白色绢质种毛；种毛长 1.5 cm。

花果期：花期 7—8 月，果期 9—12 月。

分布与生境：分布于东北、华北、华东和甘肃、陕西、贵州、河南和湖北等地。生于林边荒地、山脚、河边、路旁灌木丛中。

价值：庭院绿化；全株药用，果可治劳伤、虚弱、腰腿疼痛等症，根可治跌打、蛇咬、疔疮等症，茎叶可治小儿疳积、疔肿等症，种毛可止血，乳汁可除瘊子；茎皮可造人造棉。

杠柳 *Periploca sepium*

别名：羊奶条、北五加皮、羊角桃、羊桃

属名：杠柳属

识别特征：

株：落叶蔓性灌木。长达1.5 m。

茎：具乳汁，除花外，全株无毛；茎皮灰褐色；小枝通常对生，有细条纹，具皮孔。

叶：卵状长圆形，长5 ~ 9 cm，宽1.5 ~ 2.5 cm，顶端渐尖，基部楔形，叶面深绿色，叶背淡绿色；中脉在叶面扁平，在叶背微凸起，侧脉纤细，两面扁平，每边20 ~ 25条；叶柄长约3 mm。

花：聚伞花序腋生，着花数朵，花两性，辐射对称；花序梗和花梗柔弱；花萼裂片卵圆形，长3 mm，顶端钝，花萼内面基部有10个小腺体；花冠紫红色，辐状，张开直径1.5 cm，裂片长圆状披针形，中间加厚呈纺锤形；副花冠环状，10裂；雄蕊着生在副花冠内面，并与其合生，花药彼此黏连并包围着柱头；心皮离生。

果：蓇葖果2，圆柱状，长7 ~ 12 cm，直径约5 mm，无毛，具有纵条纹。

种子：长圆形，黑褐色，顶端具白色绢质种毛；种毛长3 cm。

根：主根圆柱状，外皮灰棕色，内皮浅黄色。

花果期：花期5—6月，果期7—9月。

分布与生境：分布于我国各地。生长于干旱山坡、沟边、沙地、灌丛中和河边等处。

价值：作固沙、水土保持树种；可药用，有镇痛、除风湿等功效。

茜草科 Rubiaceae

茜草 *Rubia cordifolia*

别名：血茜草、西天王草

属名：茜草属

识别特征：

株：多年生草质攀缘藤本。高达 1.5 ~ 3.5 m。

茎：根状茎和其节上的须根均红色；茎有多条，从根状茎的节上发出，细长，方柱形，有 4 条棱，蔓生，基部稍木质化，幼嫩部位具粗糙毛，成熟后渐无毛，棱上有倒生的皮刺，中部以上多分枝。

叶：通常 4 片轮生，纸质，披针形或长圆状披针形，长 0.7 ~ 3.5 cm，边缘有齿状皮刺，两面粗糙，脉上有微小的皮刺，基出 3 ~ 5 脉；叶柄具毛或无毛，长 1 ~ 2.5 cm，有倒生的皮刺。

花：聚伞花序锥状，腋生或顶生，花较小，有短梗，多回分枝，有花 10 余朵至数十朵，花序和分枝均细瘦，有微小皮刺；花冠辐状，淡黄色，干时淡褐色，盛开时花冠檐部直径约 3 ~ 3.5 mm，花冠裂片近卵形外面无毛；雄蕊 5；子房无毛。

果：球形，成熟时橘黄色或红色。

花果期：花期 8—9 月，果期 10—11 月。

分布与生境：分布于东北、华北、西北、四川、西藏等地。生于疏林、林缘、灌丛或草地上。

价值：全草可入药，有凉血、止血、镇咳化痰、抗菌、抗癌等功效；植物染料。

旋花科 Convolvulaceae

田旋花 *Convolvulus arvensis*

别名：小旋花、中国旋花、箭叶旋花

属名：旋花属

识别特征：

株：多年生草本。长达 1 m。

茎：具木质根状茎；茎平卧或缠绕，有条纹及棱角，无毛或疏被柔毛。

叶：卵形、卵状长圆形或披针形，长 1.5 ~ 5 cm，先端钝，基部戟形、箭形或心形，全缘或 3 裂，两面被毛或无毛；叶柄长 1 ~ 2 cm。

花：聚伞花序腋生，具 1 ~ 3 花，花序梗长 3 ~ 8 cm；苞片 2，线形，长约 3 mm；萼片长 3.5 ~ 5 mm，外两片长圆状椭圆形，内萼片近圆形；花冠白或淡红色，宽漏斗形，长 1.5 ~ 2.6 cm；雄蕊稍不等长，长约花冠之半，花丝被小鳞毛；柱头线形；叶脉羽状，基部掌状。

果：蒴果卵状球形，或圆锥形，无毛，长 5 ~ 8 mm。

种子：4 粒，卵圆形，无毛，长 3 ~ 4 mm，暗褐色或黑色。

花果期：花期 5—8 月，果期 7—9 月。

分布与生境：分布于全国各地。生于耕地及荒坡草地上。

价值：全草可入药，有调经活血、滋阴补虚等功效；可作饲料。

打碗花 *Calystegia hederacea*

别名：小旋花、狗儿秧、野牵牛

属名：打碗花属

识别特征：

株：一年生草本。全体不被毛，植株高 30 ~ 40 cm，常自基部分枝。

茎：细，缠绕或平卧，有细棱。

叶：互生，有长柄；基部叶片长圆形，先端圆，基部戟形，上部叶片 3 裂，中裂片长圆形或长圆状披针形，侧裂片近三角形，全缘或 2 ~ 3 裂，叶片基部心形或戟形；叶柄长 1 ~ 5 cm。

花：腋生，1 朵，花梗长于叶柄，有细棱；苞片 2，宽卵形，萼片 5，长圆形，苞片包住萼片，宿萼及苞片与果近等长；花冠淡紫色或淡红色，钟状；雄蕊 5，近等长；子房无毛，柱头 2 裂。

果：蒴果卵球形，长约 1 cm，光滑。

种子：卵圆形，黑褐色，表面有小疣。

根：细长白色。

花果期：华北地区花期 7—9 月，果期 8—10 月；长江流域花果期 5—7 月。

分布与生境：我国各地均有分布。生于农田、荒地、路旁等。

价值：嫩茎叶可食用；花及根可入药，有健脾益气、止痛等功效。

藤长苗 *Calystegia pellita*

别名：大夫苗、狗儿苗、狗藤花

属名：打碗花属

识别特征：

株：多年生草本。

茎：缠绕或下部直立，圆柱形，具细棱，密被灰白或黄褐色长柔毛，有时毛少。

叶：长圆形或长圆状线形，长4～10 cm，先端钝圆或尖，具短尖头，基部圆、平截或微戟形，全缘，两面被柔毛，下面沿中脉被长柔毛；叶柄长0.2～1.5（～2）cm，被毛。

花：单生叶腋；花梗短，密被柔毛；小苞片卵形，长1.5～2.2 cm，先端钝，具短尖头，密被短柔毛；萼片近相等，长圆状卵形，长0.9～1.2 cm；花冠淡红色，漏斗状，长4～5 cm，冠檐于瓣中带顶端被黄褐色短柔毛；雄蕊花丝基部扩大，被小鳞片；柱头2裂，裂片长圆形，扁平。

果：蒴果近球形，径约6 mm。

种子：卵圆形，光滑。

根：细长。

花果期：花期4—8月，果期5—9月。

分布与生境：分布于我国各地。生于平原路边、田边杂草中或山坡草丛。

价值：全草可作猪饲料。

牵牛 *Ipomoea nil*

别名：裂叶牵牛、喇叭花、牵牛花

属名：虎掌藤属

识别特征：

株：一年生缠绕草本。长 2 ～ 5 m。

茎：缠绕，被倒向的短柔毛及杂有倒向或开展的长硬毛。

叶：宽卵形或近圆形，深或浅的 3 裂，偶 5 裂，长 4 ～ 15 cm，先端渐尖，基部心形，中裂片长圆形或卵圆形，渐尖或骤尖，侧裂片较短，三角形，裂口锐或圆，叶面或疏或密被微硬的柔毛；叶柄长 2 ～ 15 cm。

花：单一或通常两朵着生于花序梗顶，花序梗长 1.5 ～ 18.5 cm；苞片线形或丝状，小苞片线形；花梗长 2 ～ 7 mm；小苞片线形；萼片披针状线形，长 2 ～ 2.5 cm，内两片较窄，密被开展刚毛；花冠漏斗状，蓝紫或紫红色，筒部色淡，长 5 ～ 8（～ 10）cm，无毛；雄蕊及花柱内藏；子房 3 室，无毛，柱头头状。

果：蒴果近球形，径 0.8 ～ 1.3 cm。

种子：卵状三棱形，长约 6 mm，黑褐色或黄色，被褐色短绒毛。

花果期：花期 7—9 月，果期 8—10 月。

分布与生境：除西北和东北部分省外，大部分地区都有分布。生于山坡灌丛、干燥河谷路边、园边宅旁、山地路边，或为栽培。

价值：栽培供观赏；种子入药（黑丑），有泻水利尿，逐痰、杀虫之功效。

圆叶牵牛 *Ipomoea purpurea*

别名： 圆叶旋花、小花牵牛、喇叭花

属名： 虎掌藤属

识别特征：

株：一年生缠绕草本。

茎：被倒向的短柔毛杂有倒向或开展的长硬毛。

叶：圆心形或宽卵状心形，长 4 ～ 18 cm，基部圆，心形，顶端锐尖、骤尖或渐尖，通常全缘，偶有 3 裂，两面疏或密被刚伏毛；叶柄长 2 ～ 12 cm，毛被与茎同。

花：腋生，单一或 2 ～ 5 朵着生于花序梗顶端成伞形聚伞花序，花序梗比叶柄短或近等长，长 4 ～ 12 cm，毛被与茎同；苞片线形，被开展的长硬毛；花梗长 1.2 ～ 1.5 cm，被倒向短柔毛及长硬毛；萼片近等长，长 1.1 ～ 1.6 cm，外面 3 片长椭圆形，渐尖，内面两片线状披针形，外面均被开展的硬毛，基部更密；花冠漏斗状，长 4 ～ 6 cm，紫红色、红色或白色，花冠管通常白色，瓣中带于内面色深，外面色淡；雄蕊与花柱内藏。

果：蒴果近球形，直径 9 ～ 10 mm，3 瓣裂。

种子：卵状三棱形，长约 5 mm，黑褐色或黄色，被极短的糠秕状毛。

花果期：花期 4—8 月，果期 5—9 月。

分布与生境： 分布于我国各地。生于田边、路边、宅旁或山谷林内，栽培或沦为野生。

价值： 园林观赏；种子可入药，有泻下利水、消肿散积等功效。

菟丝子 *Cuscuta chinensis*

别名：豆寄生、无根草、黄丝

属名：菟丝子属

识别特征：

株：一年生寄生草本。

茎：缠绕，黄色，纤细，径约 1 mm，无叶。

花：花序侧生，少花至多花簇生成小伞形或小团伞花序，花序近无梗；苞片及小苞片鳞片状；花梗长约 1 mm；花萼杯状，中部以上分裂，裂片三角状，长约 1.5 mm；花冠白色，壶形，长约 3 mm，裂片三角状卵形，先端反折；雄蕊生于花冠喉部，鳞片长圆形，伸至雄蕊基部；花柱 2，等长或不等长，柱头球形。

果：蒴果球形，径约 3 mm，为宿存花冠全包，周裂。

种子：2 ～ 49 粒，卵圆形，淡褐色，长 1 mm，粗糙。

花果期：花期 7—9 月，果期 8—10 月。

分布与生境：分布于全国各地。生于田边、山坡阳处、路边灌丛或海边沙丘，通常寄生于豆科、菊科、蒺藜科等多种植物上。

价值：种子可药用，有补肝肾、益精壮阳及止泻等功效。

紫草科 Boraginaceae

砂引草 *Tournefortia sibirica*

别名： 狗奶子草、烟袋锅花、紫丹草

属名： 紫丹属

识别特征：

株：多年生草本。高 10 ～ 30 cm。

茎：根状茎细长；茎单一或数条丛生，直立或斜升，通常分枝，密生糙伏毛或白色长柔毛。

叶：披针形、倒披针形或长圆形，长 1 ～ 5 cm，先端渐尖或钝，基部楔形或圆，密生糙伏毛或长柔毛，中脉明显，上面凹陷，下面突起，侧脉不明显；无柄或近无柄。

花：花序顶生，直径 1.5 ～ 4 cm；萼片披针形，密生向上的糙伏毛；花冠黄白色，钟状，长 1 ～ 1.3 cm，裂片卵形或长圆形，外弯，花冠筒较裂片长，外面密生向上的糙伏毛；花药长圆形；子房无毛，4 裂；花柱细，柱头浅 2 裂，下部环状膨大。

果：核果椭圆形或卵球形，长 7 ～ 9 mm，粗糙，密生伏毛，成熟时分裂为两个各含两粒种子的分核。

花果期：花期 5 月，果期 7 月。

分布与生境： 分布于黑龙江、辽宁、河北、山东、陕西、宁夏等地。生于海滨沙地、干旱荒漠及山坡道旁。

价值： 饲料；绿肥；固沙植物。

唇形科 Lamiaceae

鼠尾草 *Salvia japonica*

别名：秋丹参、水青、乌草

属名：鼠尾草属

识别特征：

株：一年生草本。高 40 ～ 60 cm。

茎：直立，钝四棱形，具沟，沿棱上被疏长柔毛或近无毛。

叶：茎下部叶为二回羽状复叶，叶柄长 7 ～ 9 cm，腹凹背凸，被疏长柔毛或无毛，茎上部叶为一回羽状复叶，具短柄；顶生小叶披针形或菱形，长达 10 cm，先端渐尖或尾尖，基部窄楔形，具钝锯齿，两面被柔毛或无毛，侧生小叶近无柄，卵状披针形，长 1.5 ～ 5 cm，先端尖或短渐尖，基部偏斜近圆形，其余与顶生小叶同，近无柄。

花：轮伞花序具 2 ～ 6 花，组成总状或圆锥花序，花序顶生，花序轴密被腺柔毛或柔毛；苞片及小苞片披针形，全缘，无毛；花萼筒形，疏被腺柔毛，喉部内具白色长硬毛环，萼檐二唇形，上唇三角形或近半圆形，先端具 3 短尖头，下唇具 2 长三角形齿；花冠淡红、淡紫、淡蓝或白色，长约 1.2 cm，密被长柔毛，冠筒直伸，筒状，冠檐二唇形，上唇椭圆形或卵形，下唇中裂片倒心形，具小圆齿，侧裂片卵形；能育雄蕊 2，伸出；花柱外伸，先端不相等 2 裂。

果：小坚果褐色，椭圆形，光滑，长约 1.7 cm。

根：须根密集。

花果期：花果期 6—9 月。

分布与生境：主要分布于浙江、安徽南部和广西等地。生于山坡、路旁、荫蔽草丛、水边及林荫下。

价值：作为厨房用香草或医疗用药草，也可用于萃取精油、制作香包等。

荔枝草 *Salvia plebeia*

别名：雪里青、凤眼草、野芥菜

属名：鼠尾草属

识别特征：

株：一年或二年生草本。高 15 ~ 90 cm。

茎：直立，粗壮，多分枝，疏被向下的灰白色柔毛。

叶：椭圆状卵圆形或椭圆状披针形，草质，叶柄密被柔毛。

花：轮伞花序 6 花，多数，在茎、枝顶端密集成总状圆锥花序；花梗与花序轴密被柔毛；苞片披针形，长于或短于花萼；花萼钟形，外被柔毛，散布黄褐色腺点，内面喉部有微柔毛，萼檐二唇形，上唇全缘，先端具 3 个小尖头，下唇深裂成 2 齿，齿三角形，锐尖；花冠淡红色、淡紫色、紫色、蓝紫色或蓝色，稀白色，冠檐二唇形，上唇长圆形，先端微凹，外面密被微柔毛，两侧折合，下唇外面被微柔毛，3 裂；能育雄蕊 2；花柱和花冠等长。

果：小坚果倒卵圆形，成熟时干燥，光滑。

根：主根肥厚，向下直伸，须根多。

花果期：花期 4—5 月，果期 6—7 月。

分布与生境：除新疆、甘肃、青海及西藏外，几乎遍布全国各地。生于山坡路旁、沟边、田野等潮湿的土壤中。

价值：全草可入药，有清热、解毒、凉血、利尿等功效。

益母草 *Leonurus japonicus*

别名: 益母蒿、益母艾、红花艾、灯笼草

属名: 益母草属

识别特征:

株:一年或二年生草本。高 30 ~ 120 cm。

茎:直立,钝四棱形,微具槽,有倒向糙伏毛,在节及棱上尤为密集,在基部有时近于无毛,多分枝,或仅于茎中部以上有能育的小枝条。

叶:变化很大,茎下部叶卵形,基部宽楔形,掌状 3 裂,裂片呈长圆状菱形至卵圆形,通常长 2.5 ~ 6 cm,裂片上再分裂,上面绿色,有糙伏毛,叶脉稍下陷,下面淡绿色,被疏柔毛及腺点,叶脉突出,叶柄纤细,长 2 ~ 3 cm,由于叶基下延而在上部略具翅,腹面具槽,背面圆形,被糙伏毛;茎中部叶菱形,较小,通常分裂成 3 个或偶有多个长圆状线形的裂片,基部狭楔形,叶柄长 0.5 ~ 2 cm;花序最上部的苞叶近于无柄,线形或线状披针形,长 3 ~ 12 cm,宽 2 ~ 8 mm,全缘或具稀少牙齿。

花:轮伞花序腋生,具 8 ~ 15 花,轮廓为圆球形,径 2 ~ 2.5 cm;小苞片刺状,向上伸出,有贴生的微柔毛;花梗无;花萼管状钟形,长 6 ~ 8 mm,外面有贴生微柔毛。花冠粉红至淡紫红色,长 1 ~ 1.2 cm,其上部多少有鳞状毛,冠檐二唇形,上唇直伸,内凹,长圆形,长约 7 mm,全缘,内面无毛,边缘具纤毛,下唇略短于上唇,内面在基部疏被鳞状毛,3 裂;雄蕊 4;花柱丝状;子房褐色,无毛。

果:小坚果长圆状三棱形,长 2.5 mm,顶端截平而略宽大,基部楔形,淡褐色,光滑。

根:主根上密生须根。

花果期:花期 6—9 月,果期 9—10 月。

分布与生境: 分布于我国各地。多生于野荒地、路旁、田埂、山坡草地、河边等,尤以向阳处为多。

价值: 全草可入药,可治疗妇女月经不调、胎漏难产、胞衣不下、瘀血腹痛等症。

紫苏 *Perilla frutescens*

别名：桂荏、白苏、赤苏

属名：紫苏属

识别特征：

株：一年生直立草本。高 0.3 ～ 2 m。

茎：绿或紫色，钝四棱形，密被长柔毛。

叶：宽卵形或圆形，长 7 ～ 13 cm，先端尖或骤尖，基部圆或宽楔形，具粗锯齿，上面被柔毛，下面被平伏长柔毛，侧脉 7 ～ 8 对；叶柄长 3 ～ 5 cm，背腹扁平，被长柔毛。

花：轮伞总状花序密被长柔毛；苞片宽卵形或近圆形，长约 4 mm，具短尖，被红褐色腺点，无毛；花梗长约 1.5 mm，密被柔毛；花萼钟形，10 脉，长约 3 mm，直伸，下部被长柔毛及黄色腺点，萼檐二唇形，下唇较上唇稍长；花冠白色至紫红色，长 3 ～ 4 mm，稍被微柔毛，冠筒长 2 ～ 2.5 mm，冠檐近二唇形，上唇微缺，下唇 3 裂，中裂片较大，侧裂片与上唇相近似；雄蕊 4，几不伸出；花柱先端相等 2 浅裂。

果：小坚果灰褐色，近球形，径约 1.5 mm，具网纹。

花果期：花果期 8—12 月。

分布与生境：分布于华南、中南、西南等地。生于路边、缓坡、荒野等地。

价值：茎叶及子实可入药，叶有发汗、镇咳、健胃利尿、镇痛、镇静、解毒等功效，梗有平气安胎之功，子能镇咳、祛痰、平喘、发散精神之沉闷等；叶可食用，和肉类煮熟可增加后者的香味；种子可榨油（苏子油），供食用，又可用于工业防腐。

地笋 *Lycopus lucidus*

别名：地参、地藕、泽兰

属名：地笋属

识别特征：

株：多年生草本。高 0.6 ～ 1.7 m。

茎：直立，常不分枝，四棱形，具槽，绿色，常于节上稍带紫红色，无毛，疏被微硬毛；地下匍匐茎肥大，具鳞叶。

叶：具极短柄或近无柄，长圆状披针形，长 4 ～ 8 cm，宽 1.2 ～ 2.5 cm，先端渐尖，基部楔形，具锐尖粗牙齿状锯齿，两面或上面具光泽，亮绿色，两面无毛，下面具凹陷的腺点，侧脉 6 ～ 7 对，与中脉在上面不显著下面突出。

花：轮伞花序球形，径 1.2 ～ 1.5 cm，多花密集，其下承以小苞片；小苞片卵形或披针形，刺尖，具小缘毛，外层小苞片具 3 脉，内层小苞片具 1 脉；花萼钟形，长 3 mm，被腺点，内面无毛，萼齿 5；花冠白色，长 5 mm，冠檐被腺点，喉部被白色短柔毛，冠筒长约 3 mm，冠檐稍二唇形，上唇近圆形，下唇 3 裂，中裂片较大；雄蕊仅前对能育，超出于花冠。

果：小坚果倒卵球状四边形，基部略狭，长 1.6 mm，褐色，边缘加厚，背面平，腹面具棱，被腺点。

根：横走，具节，节上密生须根，先端肥大呈圆柱形。

花果期：花期 6—9 月，果期 8—11 月。

分布与生境：分布于我国各地。多生于温暖湿润区域。

价值：嫩茎叶可凉拌、炒食、做汤；根茎可入药，有降血脂、通九窍、利关节、养气血等功效。

黄荆 *Vitex negundo*

别名：荆棵、黄荆柴、黄荆条

属名：牡荆属

识别特征：

枝：小乔木或灌木状。小枝密被灰白色绒毛。

叶：掌状复叶，小叶 3 ~ 5；小叶长圆状披针形或披针形，先端渐尖，基部楔形，全缘或具少数锯齿，下面密被绒毛；中间小叶长 4 ~ 13 cm，两侧小叶依次递小。

花：聚伞圆锥花序长 10 ~ 27 cm，花序梗密被灰色绒毛；花萼钟状，具 5 齿，外有灰白色绒毛；花冠淡紫色，被绒毛，5 裂，二唇形；雄蕊伸出花冠；子房近无毛。

果：核果近球形，径约 2 mm。

花果期：花期 4—6 月，果期 7—10 月。

分布与生境：多分布于长江以南各地。生于山坡路旁或灌木丛中。

价值：茎皮可造纸及制人造棉；茎叶可治久痢；种子为清凉性镇静、镇痛药；根可驱蛲虫；花和枝叶可提取芳香油。

茄科 Solanaceae

龙葵 *Solanum nigrum*

别名：灯笼草、白花菜、黑星星、野海椒

属名：茄属

识别特征：

株：一年生直立草本。高 25 ~ 100 cm。

茎：无棱或棱不明显，绿色或紫色，无毛或被柔毛。

叶：卵形，长 2.5 ~ 10 cm，先端短尖，基部楔形至阔楔形而下延至叶柄，全缘或每边具不规则的波状粗齿，光滑或两面被稀疏短柔毛，叶脉每边 5 ~ 6 条；叶柄长约 1 ~ 2 cm。

花：蝎尾状花序腋外生，由 3 ~ 6 花组成，总花梗长约 1 ~ 2.5 cm；萼小，浅杯状，卵圆形；花冠星状辐形，白色，筒部隐于萼内，长不及 1 mm，冠檐长约 2.5 mm，5 深裂，裂片卵圆形，长约 2 mm；花丝短，花药黄色，长约 1.2 mm；子房卵形，直径约 0.5 mm，花柱中部以下被白色绒毛，柱头小，头状。

果：浆果球形，直径约 8 mm，熟时黑色。

种子：多数，近卵形，直径约 1.5 ~ 2 mm，两侧压扁。

花果期：花期 6—10 月，果期 7—11 月。

分布与生境：分布于我国各地。多生于田边、荒地及村庄附近。

价值：全株可入药，有散瘀消肿、清热解毒之功效。

曼陀罗 *Datura stramonium*

别名：洋金花、醉心花

属名：曼陀罗属

识别特征：

株：草本或半灌木状。高 0.5 ～ 1.5 m，植株无毛或幼嫩部分被短柔毛。

茎：粗壮，圆柱状，下部木质化。

叶：互生，上部呈对生状，广卵形，顶端渐尖，基部不对称楔形，边缘有不规则波状浅裂，侧脉每边 3 ～ 5 条；叶柄长 3 ～ 5 cm。

花：单生于枝杈间或叶腋，直立，有短梗；花萼筒状，筒部有 5 棱角，长 4 ～ 5 cm；花冠漏斗状，下半部绿色，上部白色或淡紫色，檐部 5 浅裂，裂片有短尖头，长 6 ～ 10 cm；雄蕊不伸出花冠，花丝长约 3 cm，花药长约 4 mm；子房密生柔针毛。

果：蒴果直立，卵状，长 3 ～ 4.5 cm，成熟后淡黄色，规则 4 瓣裂。

种子：卵圆形，稍扁，长约 4 mm，黑色。

花果期：花期 6—10 月，果期 7—11 月。

分布与生境：分布于我国各地。生于住宅旁、路边或草地。

价值：叶、籽、花可入药，有镇咳镇痛、祛风湿、止喘定痛等功效；种子油可制肥皂和掺和油漆用；观赏植物，美化环境。

车前科 Plantaginaceae

大车前 *Plantago major*

别名：钱贯草、大猪耳朵草

属名：车前属

识别特征：

株：二年生或多年生草本。

茎：根茎粗短。

叶：基生，呈莲座状，平卧、斜展或直立；叶片草质、薄纸质或纸质，叶片宽卵形，长 3 ～ 18 cm，宽 2 ～ 11 cm，近全缘或疏生不规则锯齿，脉 5 ～ 7 条；叶柄基部鞘状，长 3 ～ 10 cm，常被毛。

花：穗状花序 1 至数个，细圆柱状，3 ～ 20 cm，基部常间断；花序梗有纵条纹，直立或弓曲上升，长 5 ～ 18 cm，被短柔毛或柔毛；苞片宽卵状三角形，长 1.2 ～ 2 mm；花无梗；花萼长 1.5 ～ 2.5 mm，萼片先端圆形，边缘膜质，龙骨突不达顶端；花冠高脚杯状，白色，无毛，冠筒等长或略长于萼片，裂片披针形至狭卵形，长 1 ～ 1.5 mm，于花后反折。

果：蒴果近球形、卵球形或宽椭圆形，长 2 ～ 3 mm，于中部或稍低处周裂。

种子：12 ～ 24 粒，卵形、椭圆形或菱形，具角，黄褐色。

根：粗短，须根多数。

花果期：花期 6—8 月，果期 7—9 月。

分布与生境：分布于吉林、内蒙古、河北、陕西、青海、山东、江苏等地。生于草地、草甸、河滩、沟边、沼泽地、山坡路旁、田边或荒地。

价值：富含维生素等多种营养物质，幼苗和嫩茎可食用；全草和种子均可入药，有清热、利尿祛痰、凉血、解毒等功效。

菊科 Asteraceae

小蓬草 *Erigeron canadensis*

别名：加拿大蓬、小飞蓬

属名：飞蓬属

识别特征：

株：一年生草本。高 50 ~ 100 cm。

茎：直立，圆柱状，具棱，有条纹，疏被长硬毛，上部多分枝。

叶：密集，互生，基部叶花期常枯萎，下部叶倒披针形，长 6 ~ 10 cm，中部和上部叶较小，线状披针形或线形，近无柄或无柄，全缘或少有具 1 ~ 2 个齿，两面或仅上面被疏短毛，边缘常被上弯的硬缘毛。

花：头状花序多数，小，径 3 ~ 4 mm，排列成顶生多分枝的圆锥花序；花序梗细，长 5 ~ 10 mm，总苞近圆柱状，长 2.5 ~ 4 mm；总苞片 2 ~ 3 层，淡绿色，线状披针形或线形，边缘干膜质，无毛；雌花多数，舌状，白色，长 2.5 ~ 3.5 mm，舌片小，稍超出花盘，线形，顶端具两个钝小齿；两性花淡黄色，花冠管状，长 2.5 ~ 3 mm，管部上部疏被微毛。

果：瘦果线状披针形，稍扁。

根：纺锤状，具纤维状根。

花果期：花期 5—9 月，果期 5—10 月。

分布与生境：属于外来入侵物种，分布于我国各地。生于旷野、荒地、田边和路旁，是一种常见的杂草。

价值：嫩茎、叶可作饲料；全草可入药，有消炎止血、祛风湿等功效。

百日菊 *Zinnia elegans*

别名：百日草、步步高、对叶菊、秋罗

属名：百日菊属

识别特征：

株：一年生草本。直立，高 30 ～ 100 cm。

茎：直立，被糙毛或硬毛。

叶：对生，宽卵圆形或长圆状椭圆形，全缘，两面粗糙，基部稍心形抱茎，下面密被糙毛，基出三脉；无叶柄。

花：头状花序单生枝端，花序梗不肥壮，总苞宽钟状，总苞片多层，宽卵形或卵状椭圆形，边缘黑色；托片附片紫红色，流苏状三角形；雌性花舌状，深红色、玫瑰色、紫堇或白色，舌片倒卵圆形，先端 2 ～ 3 齿裂或全缘，上面被短毛，下面被长柔毛；两性花管状，黄色或橙色，先端裂片卵状披针形，上面被黄褐色密茸毛；花柱分枝顶端尖或近截形；花药基部全缘。。

果：雌花瘦果倒卵圆形，顶端截形，基部狭窄，被密毛；管状花瘦果倒卵状楔形，极扁，被疏毛，顶端有短齿。

花果期：花期 6—9 月，果期 7—10 月。

分布与生境：我国各地栽培广泛，在云南（西双版纳、蒙自等）、四川西南部有引种。宜在肥沃深土层土壤中生长。

价值：用于园林美化；全草可入药，有清热去火功效，可治疗上感发热、口腔炎、风火牙痛、痢疾、淋症等。

黑心金光菊 *Rudbeckia hirta*

别名：黑心菊、黑眼菊

属名：金光菊属

识别特征：

株：一年或两年生草本。全株被刺毛，高 30 ~ 100 cm。

茎：不分枝或上部分枝。

叶：茎下部叶长卵圆形、长圆形或匙形，长 8 ~ 12 cm，顶端尖或渐尖，基部楔形下延，3 出脉，边缘有细锯齿，叶柄具翅；上部叶长圆状披针形，长 3 ~ 5 cm，两面被白色密刺毛，边缘有疏齿或全缘，无柄或具短柄。

花：头状花序径 5 ~ 7 cm，花序梗长；总苞片外层长圆形，长 1.2 ~ 1.7 cm，内层披针状线形，被白色刺毛；花托圆锥形，托片线形，对折呈龙骨瓣状，长约 5 mm，边缘有纤毛；雌花舌状，鲜黄色，舌片长圆形，10 ~ 14 个，长 2 ~ 4 cm，先端有 2 ~ 3 不整齐短齿；两性花管状，褐紫或黑紫色。

果：瘦果四棱形，黑褐色，无冠毛。

花果期：花期 5—9 月，果期 10 月。

分布与生境：分布于我国各地。多生于通风向阳处的沙质壤土。

价值：用于盆栽或环境美化。

二色金光菊 *Rudbeckia bicolor*

别名：两色金光菊、黑心菊

属名：金光菊属

识别特征：

株：两年或多年生，稀一年生草本。高 30 ～ 100 cm。

茎：直立，不分枝或上部分枝，无毛或稍有短糙毛。

叶：互生，稀对生，全缘或羽状分裂。

花：头状花序大或较大，有多数异形小花，周围有一层不结实的舌状花，中央有多数结实的两性花。总苞碟形或半球形，总苞片 2 层，叶质，覆瓦状排列；花托凸起，圆柱形或圆锥形，结果实时更增长，托片干膜质，对折或呈龙骨状。雌花舌状，黄色、橙色或红色，舌片开展，全缘或顶端具 2 ～ 3 短齿；两性花管状，黄棕色或紫褐色，管部短，上部圆柱形，顶端有 5 裂片；花药基部截形，全缘或具 2 小尖头；花柱分枝顶端具钻形附器，被锈毛。

果：瘦果具 4 棱或近圆柱形，稍压扁，上端钝或截形；冠毛短冠状或无冠毛。

花果期：花果期 6—10 月。

分布与生境：分布于我国各地。喜生于排水良好、疏松的沙质土中。

价值：根、叶和花可入药，有清热解毒之功效；庭院绿化观赏。

两色金鸡菊 *Coreopsis tinctoria*

别名： 雪菊

属名： 金鸡菊属

识别特征：

株：一年生草本。无毛，高 30 ～ 100 cm。

茎：直立，上部分枝。

叶：对生，下部及中部叶有长柄，二回羽状全裂，裂片线形或线状披针形，全缘；上部叶无柄或下延成翅状柄，线形。

花：头状花序多数，有细长花序梗，花序梗长 2 ～ 4 cm，排成伞房状或疏圆锥状；总苞半球形，总苞片外层长约 3 mm，内层卵状长圆形，长 5 ～ 6 mm，顶端尖；雌花舌状，黄色，舌片倒卵形，长 0.8 ～ 1.5 cm；两性花管状，红褐色，窄钟形。

果：瘦果长圆形或纺锤形，两面光滑或有瘤突，长 2.5 ～ 3 mm，顶端有 2 细芒。

花果期：花期 5—9 月，果期 8—10 月。

分布与生境： 分布于我国各地。喜光照，忌阴蔽，怕风害，多生于湿地河边等区域。

价值： 用于绿化美化；可药用，有清热解毒、活血化瘀、和胃健脾之功效。

苍耳 *Xanthium strumarium*

别名：虱马头、莱耳、青棘子、苍耳子

属名：苍耳属

识别特征：

株：一年生草本。高 20 ~ 90 cm。

茎：直立，矮小，不分枝或少有分枝，下部圆柱形，上部有纵沟，被灰白色糙伏毛。

叶：互生，三角状卵形或心形，长 4 ~ 9 cm，边缘浅裂，基脉 3 出，上面绿色，下面苍白色，被糙伏毛。

花：单性，雌雄同株；雄头状花序着生于茎枝上端，球形，雄花多数，黄绿色，总苞宽半球形，总苞片 1 ~ 2 层，分离，椭圆状披针形，革质；花冠钟形；雌头状花序单生或密集于茎枝的下部，椭圆形，小花两朵，绿、淡黄绿或带红褐色。

果：瘦果 2，倒卵形，藏于总苞内；无冠毛。

根：纺锤状，分枝或不分枝。

花果期：花期 7—8 月，果期 9—10 月。

分布与生境：广泛分布于东北、华北、华东、华南、西北及西南各地。生于荒野路边、田边、沟旁、草丛、湿润处。

价值：茎皮纤维可做麻袋、麻绳；种子可榨油，用作香料、油漆、油墨及肥皂硬化油等，还可代替桐油；饲料；可药用，可治麻风、疥癣、虫咬伤等。

翅果菊 *Lactuca indica*

别名：野莴苣、山马草、苦莴苣

属名：莴苣属

识别特征：

株：多年生草本。高 40 ～ 200 cm。

茎：根状茎短缩，多分枝，木质化；地上茎单生，直立，顶部分枝；全部茎枝无毛。

叶：中下部茎叶全形倒披针形、椭圆形或长椭圆形，规则或不规则二回羽状深裂，长达 30 cm，宽达 17 cm，无柄，基部宽大，顶裂片狭线形；中上部的侧裂片较大，向下的侧裂片渐小；向上的茎叶渐小，与中下部茎叶同形并等样分裂或不裂而为线形。

花：头状花序多数，在茎枝顶端排成圆锥花序；总苞果期卵球形；总苞片 4 ～ 5 层，外层卵形、宽卵形或卵状椭圆形，中内层长披针形，全部总苞片顶端急尖或钝，边缘或上部边缘染红紫色；舌状小花 21 枚，黄色。

果：瘦果椭圆形，压扁，棕黑色，长 5 mm，宽 2 mm，边缘有宽翅，每面有 1 条高起的细脉纹，顶端急尖成长 0.5 mm 的粗喙；冠毛 2 层，白色。

根：粗厚，分枝呈萝卜状。

花果期：花期 4—8 月，果期 5—9 月。

分布与生境：分布于黑龙江、吉林、河北、陕西、山东、江苏、安徽、浙江、江西、福建、河南、湖南、广东、四川、云南等地。生于山谷、山坡林缘、灌丛、草地及荒地。

价值：根或全草可入药，有清热解毒、活血、止血等功效；嫩茎叶可作蔬菜；亦作家畜禽和鱼的优良饲料及饵料。

小花鬼针草 *Bidens parviflora*

别名：细叶刺针草、小鬼叉

属名：鬼针草属

识别特征：

株：一年生草本。高 20 ~ 90 cm。

茎：直立，多分枝，细弱，下部圆柱形，有纵条纹，中上部常为钝四方形，近无毛。

叶：对生，长 6 ~ 10 cm，具柄，叶柄长 2 ~ 3 cm；背面微凸或扁平，腹面有沟槽，槽内及边缘疏有柔毛，2 ~ 3 回羽状分裂，全缘或具锯齿。

花：头状花序单生于茎端及枝端，具长梗，高 0.7 ~ 1 cm；总苞筒状，基部被柔毛，外苞片 4 ~ 5 枚，草质，绿色，条状披针形，边缘疏被柔毛，内苞片稀疏，常仅 1 层，托片状，黄褐色；托片长椭圆状披针形，膜质，具狭而透明的边缘；无舌状花；盘花两性，6 ~ 12 朵，花冠筒状，黄色，冠檐 4 齿裂。

果：瘦果条形，具 4 棱，长 1.3 ~ 1.6 cm，两端渐狭，有小刚毛，顶端芒刺 2，有倒刺毛。

花果期：花期 6—8 月，果期 9—10 月。

分布与生境：分布于东北、华北、西南及山东、河南、陕西和甘肃等地。生于山地林缘、路边、水沟边等处。

价值：全草可药用，有清热解毒、活血散瘀等功效，对咽喉肿痛、感冒发热、跌打损伤等、冻疮、毒蛇咬伤等症有一定疗效。

婆婆针 *Bidens bipinnata*

别名：刺针草

属名：鬼针草属

识别特征：

株：一年生草本。高 30 ～ 120 cm。

茎：直立，下部略具 4 棱，无毛或上部疏被柔毛。

叶：对生，具柄，柄长 2 ～ 6 cm，背面微凸或扁平，腹面沟槽，长 5 ～ 14 cm，2 回羽状分裂，小裂版三角状或菱状披针形，顶生裂片窄，先端渐尖，边缘疏生不规则粗齿，两面疏被柔毛。

花：头状花序直径 0.6 ～ 1 cm，花序梗长 1 ～ 5 cm；总苞杯形，基部有柔毛，外层总苞片 5 ～ 7，线形，草质，先端钝，被稍密柔毛，内层膜质，椭圆形，长 3.5 ～ 4 mm，花后伸长为狭披针形，背面褐色，被柔毛；舌状花 1 ～ 3，不育，舌片黄色，椭圆形或倒卵状披针形；盘花筒状，黄色，冠檐 5 齿裂。

果：瘦果线形，略扁，具 3 ～ 4 棱，长 1.2 ～ 1.8 cm，具瘤突及小刚毛，顶端芒刺 3 ～ 4，稀 2，具倒刺毛。

花果期：花期 4—8 月，果期 5—9 月。

分布与生境：分布于东北、华北、华中、华东、华南、西南及陕西、甘肃等地。生于路边荒地、山坡及田间等处。

价值：全草可入药，有清热解毒、散瘀活血之功效。

大狼杷草 *Bidens frondosa*

别名：接力草、外国脱力草

属名：鬼针草属

识别特征：

株：一年生草本。高 20 ～ 120 cm。

茎：直立，分枝，被疏毛或无毛，常带紫色。

叶：对生，具柄，一回羽状复叶，小叶 3 ～ 5，披针形，长 3 ～ 10 cm，先端渐尖，边缘有粗锯齿；通常背面被稀疏短柔毛，至少顶生者具明显的柄。

花：头状花序单生茎端和枝端，连同总苞苞片直径 12 ～ 25 mm，高约 12 mm。总苞钟状或半球形，外层苞片通常 8，披针形或匙状倒披针形，叶状，边缘有缘毛，内层苞片长圆形，长 5 ～ 9 mm，膜质，具淡黄色边缘；无舌状花或极不明显；筒状花两性，花冠长约 3 mm，冠檐 5 裂。

果：瘦果扁平，狭楔形，长 5 ～ 10 mm，近无毛或具糙伏毛，顶端芒刺 2，有倒刺毛。

花果期：花果期 8—10 月。

分布与生境：多分布于华东地区。生于水边湿地、沟渠及浅水滩，亦生于路边荒野，常出现在稻田边，是常见杂草。

价值：全草可入药，有强壮、清热解毒的功效，可治疗体虚乏力、盗汗、咯血、痢疾、疳积、丹毒等症。

蒌蒿 *Artemisia selengensis*

别名：芦、蒿、芦蒿、水蒿

属名：蒿属

识别特征：

株：多年生草本。高达 1.5 m，植株具清香气味。

茎：根状茎稍粗，直立或斜向上；茎少数或单一，初时绿褐色，后为紫红色，无毛，上部分枝。

叶：纸质或薄纸质，上面绿色，无毛或近无毛，下面密被灰白色蛛丝状平贴绵毛；茎下部叶宽卵形或卵形，长 8 ~ 12 cm，近成掌状或指状 5 裂或 3 裂或深裂，稀间有 7 裂或不裂的叶，裂片线形或线状披针形，长 5 ~ 7 cm，无假托叶；中部叶近成掌状 5 深裂或指状 3 深裂，稀间有不分裂之叶，裂片长椭圆形、椭圆状披针形或线状披针形，长 3 ~ 5 cm，叶缘或裂片边缘有锯齿，基部楔形，渐窄成柄状；上部叶与苞片叶指状，3 深裂、2 裂或不裂，裂片或不分裂的苞片叶为线状披针形，边缘具疏锯齿。

花：头状花序多数，长圆形或宽卵形，径 2 ~ 2.5 mm，近无梗，直立或稍倾斜，在分枝上排成密穗状花序，在茎上组成窄长圆锥花序；总苞片 3 ~ 4 层，外层总苞片略短，卵形或近圆形，背面初疏被灰白色蛛丝状绵毛，中、内层总苞片略长，长卵形或卵状匙形，黄褐色，背面初时微被蛛丝状绵毛；花序托小，凸起；雌花 8 ~ 12，花冠狭管状，檐部具 1 浅裂，花柱细长，伸出花冠外甚长，先端长，2 叉，叉端尖；两性花 10 ~ 15，花冠管状，花药线形，先端附属物尖，长三角形，基部圆钝或微尖，花柱与花冠近等长，先端微叉开，叉端截形，有睫毛。

果：瘦果卵圆形，略扁，上端偶有不对称的花冠着生面。

根：主根不明显或稍明显，具多数侧根与纤维状须根。

花果期：花果期 7—10 月。

分布与生境：分布于我国各地。多生于低海拔河湖岸边及沼泽地带。

价值：全草可入药，有止血、消炎、镇咳、化痰之功效；嫩茎及叶作菜蔬或腌制酱菜。

红足蒿 *Artemisia rubripes*

别名： 红梗蒿、大狭叶蒿

属名： 蒿属

识别特征：

株：多年生草本。高 75 ~ 180 cm。

茎：根状茎细，匍地或斜向上，茎少数或单生，有细纵棱，基部通常红色，上部褐色或红色；中部以上分枝；茎、枝初时微被短柔毛，后脱落无毛。

叶：纸质，上面绿色近无毛，下面除中脉外密被灰白色蛛丝状绒毛；营养枝叶与茎下部叶近圆形或宽卵形，2 回羽状全裂或深裂，具短柄；中部叶卵形、长卵形或宽卵形，长 7 ~ 13 cm，（1 ~）2 回羽状分裂，1 回全裂，每侧裂片 3 ~ 4，羽状深裂或全裂，每侧具 2 ~ 3 小裂片或为浅裂齿，叶柄长 0.5 ~ 1 cm，基部常有小型假托叶；上部叶椭圆形，羽状全裂，每侧具裂片 2 ~ 3；苞片叶小，3 ~ 5 全裂或不裂。

花：头状花序小，多数，椭圆状卵圆形或长卵圆形，径 1 ~ 1.5 mm，具小苞叶，在分枝的上半部或分枝的小枝上排成密穗状花序，在茎上组成圆锥花序；总苞片 3 层，外层总苞片小，卵形，背面初时疏被蛛丝状柔毛，后无毛，边狭膜质，中层总苞片长卵形，背面初时疏被蛛丝状柔毛，后无毛，边宽膜质，内层总苞片长卵形或椭圆状倒卵形，半膜质，背面无毛或近无毛；雌花 9 ~ 10，花冠狭管状，檐部具 2 裂齿，花柱长，伸出花冠外，先端 2 叉，叉端尖；两性花 12 ~ 14，花冠管状或高脚杯状，檐部外卷，紫或黄色，花药线形，先端附属物尖，长三角形，基部钝，花柱近与花冠等长，先端稍叉开，叉端截形，有睫毛。

果：瘦果小，窄卵圆形，稍扁。

根：主根细长，侧根多。

花果期：花果期 8—10 月。

分布与生境： 分布于内蒙古东北部、黑龙江、吉林、辽宁、河北等地。生于林缘、灌丛、草地、山坡草原等地。

价值： 可药用，有温经、散寒、止血之功效。

荒野蒿 *Artemisia campestris*

别名：垂枝榕

属名：蒿属

识别特征：

株：小灌木状。高 30 ～ 60 cm。

茎：直立，多枚，常与营养枝共组成小丛，具纵棱，淡褐色或黄褐色，分枝多，开展。

叶：厚纸质；基生叶、茎下部叶与营养枝叶宽卵形或卵形，长 3 ～ 8 cm，2 (～ 3) 回羽状全裂，每侧裂片 4 ～ 5，每裂片再 3 ～ 5 全裂，小裂片狭线形或狭线状披针形，长 4 ～ 10 mm，先端尖，具硬尖头，叶柄长 3 ～ 5 cm ；中部与上部叶 1 ～ 2 回羽状全裂，每侧具裂片 3 ～ 4 枚，裂片或小裂片狭线形，近无柄，叶基部具假托叶；茎上部叶 3 ～ 5 全裂或不分裂。

花：头状花序卵球形，直径 1.5 ～ 2.5 mm，无梗，直立或微倾斜，在分枝上疏离着生成穗状花序，在茎上排成开展的圆锥花序；总苞片 3 ～ 4 层，外、中层卵形或长卵形，背面中部绿色，无毛，边膜质，内层椭圆形或长椭圆形，半膜质；雌花 3 ～ 6，花冠狭管状，檐部具 2 (～ 3) 裂齿，花柱伸出花冠外，先端 2 叉、叉端尖；两性花 6 ～ 10，不孕育，花冠管状，花药线形，先端附属物尖、长三角形，基部具短尖头，花柱短，先端 2 裂，不叉开，退化子房小。

果：瘦果倒卵形。

根：主根稍粗大，木质，垂直；根状茎木质，粗大，具多枚营养枝。

花果期：花果期 7—10 月。

分布与生境：多分布于新疆、甘肃等地。生于草原、荒坡、砾质坡地与荒漠边缘等处。

价值：可入药，为重要或常用的消炎、止血、温经、解表、抗疟及利胆用药或艾灸用；用于牲畜饲料；防风、固沙的先锋植物或为辅助性用途。

黄花蒿 *Artemisia annua*

别名：草蒿、青蒿

属名：蒿属

识别特征：

株：一年生草本。

茎：茎单生，有纵棱，幼时绿色，后变褐色或红褐色，多分枝；茎、枝、叶两面及总苞片背面无毛或初叶下面微有极稀柔毛。

叶：纸质，绿色；茎下部叶宽卵形或三角状卵形，长 3 ～ 7 cm，宽 2 ～ 6 cm，两面具脱落性白色腺点及细小凹点，3（4）回栉齿状羽状深裂，每侧裂片 5 ～ 8；中部叶 2（～ 3）回栉齿状羽状深裂，小裂片栉齿状角形，具短柄；上部叶与苞片叶 1（～ 2）回栉齿状羽状深裂，近无柄。

花：头状花序球形，多数，径 1.5 ～ 2.5 mm，有短梗，基部有线形小苞叶，在分枝上排成总状或复总状花序，在茎上组成开展的尖塔形圆锥花序；总苞片 3 ～ 4 层，内外层近等长，外层总苞片长卵形或狭长椭圆形，中肋绿色，边膜质，中层、内层总苞片宽卵形或卵形；花序托凸起，半球形；花深黄色；雌花 10 ～ 18，花冠狭管状，檐部具 2（～ 3）裂齿，外面有腺点，花柱线形，伸出花冠外，先端 2 叉，叉端钝尖；两性花 10 ～ 30，结实或中央少数花不结实，花冠管状，花药线形，上端附属物尖，长三角形，基部具短尖头，花柱近与花冠等长，先端 2 叉，叉端截形，有短睫毛。

果：瘦果小，椭圆状卵圆形，稍扁。

花果期：花果期 8—11 月。

分布与生境：分布于我国各地。生于路旁、荒地、山坡、林缘等处。

价值：可入药，可用于清热、解暑、截疟、凉血，还作外用药；香料；牲畜饲料。

野艾蒿 *Artemisia lavandulifolia*

别名：大叶艾蒿

属名：蒿属

识别特征：

株：多年生草本，稀亚灌木状。高达 1.2 m。

茎：单生，粗壮，直立，顶部分枝，无毛。

叶：基部及下部叶开花前枯萎，具长叶柄，叶片卵形或近圆形，2 回羽状全裂；中间茎叶基部具 1 或 2 裂假托叶，叶片卵形、卵形椭圆形或近圆形，背面密被绒毛，正面白色腺体斑点和疏生蛛网膜短柔毛，（1 ～）2 回羽状全裂；上部叶及苞片叶羽状全裂、3 浅裂或全缘，裂片或全苞片线状披针形或披针形。。

花：头状花序极多数，椭圆形或长圆形，径 2 ～ 2.5 mm，有短梗或近无梗，在分枝上半部排成密穗状或复穗状花序，在茎上组成圆锥花序；总苞片 3 ～ 4 层，外层总苞片略小，背面密被灰白或灰黄色蛛丝状柔毛，边缘狭膜质，中层总苞片长卵形，背面疏被蛛丝状柔毛，边缘宽膜质，内层总苞片长圆形或椭圆形，半膜质，背面近无毛；花序托小，凸起；雌花 4 ～ 9，花冠狭管状，檐部具 2 裂齿，紫红色，花柱线形，伸出花冠外，先端 2 叉，叉端尖；两性花 10 ～ 20，花冠管状，花冠檐部紫红色，花药线形，先端附属物尖，长三角形，基部具短尖头，花柱与花冠等长或略长于花冠，先端 2 叉，叉端扁，扇形。

果：瘦果长卵圆形或倒卵圆形。

花果期：花果期 8—10 月。

分布与生境：分布于我国各地。生于路旁、林缘、山坡、草地、山谷、灌丛及河湖滨草地等处。

价值：全草可入药，有散寒、祛湿、温经、止血之功效；嫩苗作菜蔬或腌制酱菜；鲜草可作饲料。

茵陈蒿 *Artemisia capillaris*

别名：因尘、因陈、茵陈

属名：蒿属

识别特征：

株：亚灌木状草本。高可达 120 cm，植株有浓香。

茎：根茎，直立，常有细的营养枝；茎单生或少数，红褐色或褐色，有不明显的纵棱，基部木质，上部分枝多，向上斜伸展；茎、枝初密被灰白或灰黄色绢质柔毛。

枝：营养枝端有密集叶丛，基生叶常成莲座状。

叶：基生叶、茎下部叶与营养枝叶两面均被棕黄或灰黄色绢质柔毛，叶卵圆形或卵状椭圆形，长 2 ～ 4 cm，2 回羽状全裂，叶柄长 3 ～ 7 mm；中部叶宽卵形、近圆形或卵圆形，长 2 ～ 3 cm，（1 ～）2 回羽状全裂，近无毛，基部裂片常半抱茎；上部叶与苞片叶羽状 5 全裂或 3 全裂，基部裂片半抱茎。

花：头状花序卵圆形，稀近球形，径 1.5 ～ 2 mm，有短梗及线形小苞片，在分枝的上端或小枝端偏向外侧生长，排成复总状花序，在茎上端组成大型、开展圆锥花序；3 ～ 4 层，外层总苞片草质，卵形或椭圆形，背面淡黄色，有绿色中肋，无毛，边膜质，中、内层总苞片椭圆形，近膜质或膜质；花序托小，凸起；雌花 6 ～ 10，花冠狭管状或狭圆锥状，檐部具 2（～ 3）裂齿，花柱细长，伸出花冠外，先端 2 叉，叉端尖锐；两性花 3 ～ 7，不孕育，花冠管状，花药线形，先端附属物尖，长三角形，基部圆钝，花柱短，上端棒状，2 裂，不叉开，退化子房极小。

果：瘦果长圆形或长卵圆形。

根：主根明显木质。

花果期：花果期 7—10 月。

分布与生境：分布于全国各地。生于低海拔地区河岸、海岸附近的湿润沙地、路旁及低山坡等处。

价值：用于牛羊牧草；保持水土；富含维生素及多种营养物质，具有很好的保健功能；嫩苗可食用。

猪毛蒿 *Artemisia scoparia*

别名：滨蒿、东北茵陈蒿

属名：蒿属

识别特征：

株：多年或一两年生草本。高 40 ～ 90 cm，植株有浓烈的香气。

茎：根状茎粗短，直立，半木质或木质，常有细的营养枝，枝上密生叶；茎通常单生，红褐色或褐色，有纵纹，自下部开始分枝；茎、枝幼时被灰白色或灰黄色绢质柔毛，以后脱落。

叶：基生叶与营养枝叶两面被灰白色绢质柔毛，叶近圆形或长卵形，2 ～ 3 回羽状全裂，具长柄，花期叶凋谢；茎下部叶初时两面密被灰白色或灰黄色略带绢质的短柔毛，，叶长卵形或椭圆形，2 ～ 3 回羽状全裂；中部叶初时两面被短柔毛，叶长圆形或长卵形，1 ～ 2 回羽状全裂；茎上部叶与分枝叶及苞片叶 3 ～ 5 全裂或不裂。

花：头状花序近球形，稀近卵球形，具极短梗或无梗；总苞片 3 ～ 4 层，外层总苞片草质、卵形，背面绿色、无毛，边缘膜质，中、内层总苞片长卵形或椭圆形，半膜质；花序托小，凸起；雌花 5 ～ 7，花冠狭圆锥状或狭管状，冠檐具 2 裂齿，花柱线形，伸出花冠外，先端 2 叉，叉端尖；两性花 4 ～ 10，不孕育，花冠管状，花药线形，先端附属物尖，长三角形，花柱短，先端膨大，2 裂，不叉开，退化子房不明显。

果：瘦果倒卵形或长圆形，褐色。

根：主根单一，狭纺锤形、垂直，半木质或木质化。

花果期：花果期 7—10 月。

分布与生境：分布于全国各地。生于低海拔山区和平原的农田、路旁、地埂、山坡、林缘、路旁等处。

价值：可药用，有清热利湿、利胆退黄等功效；嫩茎可食用。

大籽蒿 *Artemisia sieversiana*

别名：大白蒿

属名：蒿属

识别特征：

株：一年或两年生草本。高 0.5 ～ 1.5 m。

茎：单生，直立，细，有时略粗，稀下部稍木质化，纵棱明显，分枝多；茎、枝被灰白色微柔毛。

叶：下部与中部叶宽卵形或宽卵圆形，两面被微柔毛，长 4 ～ 8 cm，2 ～ 3 回羽状全裂，稀深裂，基部有小型羽状分裂的假托叶；上部叶及苞片叶羽状全裂或不裂，椭圆状披针形或披针形，无柄。

花：头状花序大，多数，半球形或近球形，径 4 ～ 6 mm，具短梗，稀近无梗，基部常有线形小苞叶，在分枝上排成总状花序或复总状花序，在茎上组成开展或稍窄圆锥花序；总苞片 3 ～ 4 层，近等长，外层、中层总苞片长卵形或椭圆形，背面被灰白色微柔毛或近无毛，中肋绿色，边缘狭膜质，内层总苞片长椭圆形，膜质；花序托凸起，半球形，有白色托毛；雌花 20 ～ 30，花冠狭圆锥状，檐部具（2 ～）3 ～ 4 裂齿，花柱线形，略伸出花冠外，先端 2 叉，叉端钝尖；两性花 80 ～ 120，花冠管状，花药披针形或线状披针形，上端附属物尖，长三角形，基部有短尖头，花柱与花冠等长，先端叉开，叉端截形，有睫毛。

果：瘦果长圆形。

根：主根单一，垂直，狭纺锤形。

花果期：花果期 6—10 月。

分布与生境：主要分布于我国北部、西北等地。生于路旁、荒地、河漫滩、草原、森林草原、干山坡或林缘等地。

价值：可用作调制干草；可入药，有消炎、清热、止血之效；高原地区用于治疗太阳紫外线辐射引起的灼伤。

碱蒿 *Artemisia anethifolia*

别名：盐蒿、大莳萝蒿

属名：蒿属

识别特征：

株：一两年生草本。高 20 ~ 50 cm；植株有浓烈的香气。

茎：茎单生，稀少数，直立或斜上，具纵棱，下部半木质化，分枝多而长；茎、枝初被绒毛，后渐脱落无毛。

叶：基生叶椭圆形或长卵形，长 3 ~ 4.5 cm，2 ~ 3 回羽状全裂；中部叶卵形、宽卵形或椭圆状卵形，长 2.5 ~ 3 cm，1 ~ 2 回羽状全裂，每侧裂片 3 ~ 4，侧边中部裂片常羽状全裂，裂片或小裂片窄线形，长 0.6 ~ 1.2 cm；上部叶与苞片叶无柄，5 或 3 全裂或不裂，裂片或不分裂之苞片叶狭线形。

花：头状花序半球形或宽卵圆形，径 2 ~ 3 mm，具短梗，基部有小苞片，在分枝上排成穗状总状花序，在茎上组成疏散、开展的圆锥花序；总苞片 3 ~ 4 层，外层、中层总苞片椭圆形或披针形，背面微有白色短柔毛或近无毛，有绿色中肋，边缘膜质，内层总苞片卵形，近膜质，背面无毛；花序托凸起，托毛白色；雌花 3 ~ 6，花冠狭管状，花柱伸出花冠外，上端分叉长，叉端稍钝；两性花 18 ~ 28，花冠管状，檐部黄或红色，花药线形，先端附属物尖，长三角形，花药基部有小尖头或稍钝，花柱与花冠近等长，先端 2 叉，叉端截形，叉口与叉端有睫毛。

果：瘦果椭圆形或倒卵圆形，顶端偶有不对称的冠状附属物。

根：主根单一，垂直，狭纺锤形。

花果期：花果期 8—10 月。

分布与生境：分布于黑龙江、内蒙古、河北、山西、陕西、宁夏、甘肃、青海及新疆等地。生于干山坡、干河谷、碱性滩地、盐渍化草原附近、荒地及固定沙丘附近，在低湿、盐渍化地常成区域性植物群落的主要伴生种。

价值：可作牲畜饲料；强盐碱土的指示植物。

蓟 *Cirsium japonicum*

别名：山萝卜、大蓟、地萝卜

属名：蓟属

识别特征：

株：多年生草本。高 30 ~ 150 cm。

茎：直立，分枝或不分枝；全部茎枝有条棱，被长毛；茎端头状花序下部灰白色，被绒毛及长毛。

叶：基生叶大，全形卵形、长倒卵形、椭圆形或长椭圆形，长 8 ~ 20 cm，羽状深裂或几全裂，基部渐窄成翼柄，柄翼边缘有针刺及刺齿，侧裂片 6 ~ 12 对，卵状披针形、半椭圆形、斜三角形、长三角形或三角状披针形，有小锯齿，或 2 回状分裂；基部向上的茎生叶渐小，与基生叶同形并等样分裂；全部茎叶两面绿色，基部半抱茎。

花：头状花序直立，顶生；总苞钟状，径 3 cm，总苞片约 6 层，覆瓦状排列，向内层渐长，背面有微糙毛，沿中肋有黑色粘腺，外层与中层卵状三角形或长三角形，长 0.8 ~ 1.3 cm，内层披针形或线状披针形，长 1.5 ~ 2 cm；小花红或紫色，管状。

果：瘦果扁，偏斜楔状倒披针状，长 4 mm，冠毛浅褐色，顶端斜截形。

根：块根纺锤状或萝卜状，直径达 7 mm。

花果期：花果期 4—11 月。

分布与生境：分布于我国各地。生于山坡林中、林缘、灌丛中以及草地、荒地、田间、路旁或溪旁等处。

价值：嫩苗、嫩叶可食用；根或全草可入药，有凉血、止血、散瘀消肿、利尿等功效。

刺儿菜 *Cirsium arvense* var. *integrifolium*

别名：小蓟

属名：蓟属

识别特征：

株：多年生草本。高 30 ～ 80 cm。

茎：直立，上部有分枝，无毛或被蛛丝状毛。

叶：基生叶和中部茎叶长椭圆形、椭圆形或椭圆状倒披针形，长 7 ～ 15 cm 通常无叶柄，偶有极短叶柄；上部叶渐小，椭圆形、披针形或线状披针形；叶片近全缘或有疏锯齿，先端有较长针刺，两面绿色或下面色淡，无毛。

花：头状花序单生于茎端，少数或多数头状花序在茎枝顶端排成伞房花序，雌雄异株；总苞卵形、卵圆形或长卵形，径 1.5 ～ 2 cm，总苞片约 6 层，覆瓦状排列，向内层渐长，先端有刺尖；小花紫红色或白色，管状。

果：瘦果淡黄色，椭圆形或扁椭圆形，顶端斜截；冠毛污白色。

花果期：花果期 5—9 月。

分布与生境：除西藏、云南、广东、广西外，全国各地均有分布。生于撂荒地、耕地、路边等，为常见的杂草。

价值：可食用；用于饲养牲畜；全草可药用，有凉血止血、散瘀消肿等功效。

碱菀 *Tripolium pannonicum*

别名：竹叶菊、铁杆蒿、金盏菜

属名：碱菀属

识别特征：

株：一年或两年生草本。高 30 ~ 50 cm。

茎：单生或数个丛生于根茎上，下部多带红色，无毛，上部有开展的分枝。

叶：基部叶花期枯萎；下部叶条状或矩圆状披针形，长 5 ~ 10 cm，顶端尖，全缘或有具小尖头的疏锯齿；中部叶渐狭、无柄；上部叶渐小、苞叶状；全部叶无毛，肉质。

花：头状花序排成伞房状，花序梗较长；总苞近管状，花后钟状，总苞片 2 ~ 3 层，疏覆瓦状排列，绿色，边缘多为红色，干后膜质，无毛，外层披针形或卵圆形，顶端钝，内层狭矩圆形；舌状花 1 层，管部长 3.5 ~ 4 mm；舌片长 10 ~ 12 mm，宽 2 mm；管状花长 8 ~ 9 mm，管部长 4 ~ 5 mm，裂片长 1.5 ~ 2 mm。

果：瘦果扁，长约 2.5 ~ 3 mm，有边肋，两面各有一脉，被疏毛；冠毛有多层极细的微糙毛。

花果期：花果期 8—12 月。

分布与生境：分布于新疆、内蒙古、辽宁、甘肃、山东、江苏、浙江等地。生于海岸、湖滨、沼泽及盐碱地。

价值：可食用；可药用，有清热解毒、祛风利湿等功效。

苦苣菜 *Sonchus oleraceus*

别名：滇苦荬菜、滇苦菜

属名：苦苣菜属

识别特征：

株：一年或两年生草本。高 40 ～ 150 cm。

茎：直立，单生，有纵条棱或条纹；不分枝或上部有短的伞房花序状或总状花序式分枝；全部茎枝光滑无毛，或上部花序分枝及花序梗被头状具柄的腺毛。

叶：基生叶羽状深裂，长椭圆形或倒披针形，长 3 ～ 12 cm，基部渐狭成长或短翼柄；中下部茎叶羽状深裂或大头状羽状深裂，全形椭圆形或倒披针形，基部急狭成翼柄；上部茎叶或接花序分枝下方的叶与中下部茎叶同型并等样分裂或不分裂，披针形或线状披针形，顶端长渐尖，下部宽大，基部半抱茎；全部叶或裂片边缘及抱茎小耳边缘有大小不等的急尖锯齿或大锯齿，边缘大部全缘或上半部边缘全缘，顶端急尖或渐尖，两面光滑无毛，质地薄。

花：头状花序少数，在茎枝顶端排成紧密的伞房花序或总状花序，或单生于茎枝顶端；总苞钟状，长 1.5 cm，总苞片 3 ～ 4 层，覆瓦状排列，外层长披针形或长三角形，长 3 ～ 7 mm，中内层长披针形至线状披针形，长 8 ～ 11 mm；舌状小花多，黄色。

果：瘦果褐色，长椭圆形或长椭圆状倒披针形，长 3 mm，压扁；冠毛白色，长 7 mm，单毛状，彼此纠缠。

根：圆锥状，垂直直伸，纤维状须根多。

花果期：花果期 5—12 月。

分布与生境：分布于陕西、辽宁、山东、四川、广西等地。生于山坡、山谷林缘、林下或田间、路旁等地。

价值：可药用，有清热解毒、凉血止血等功效；可食用；用于禽畜饲料。

长裂苦苣菜 *Sonchus brachyotus*

别名：苵菜、野苦菜、野苦荬、苦荬菜

属名：苦苣菜属

识别特征：

株：一年生草本。高 50 ～ 100 cm。

茎：直立，有纵条纹，基部直径达 1.2 mm，上部有伞房状花序分枝；全部茎枝光滑无毛。

叶：基生叶与下部茎叶全形卵形、长椭圆形或倒披针形，长 6 ～ 19 cm，羽状深裂、半裂或浅裂，极少不裂，无柄或有长 1 ～ 2 cm 的短翼柄，侧裂片 3 ～ 5 对或奇数；中上部茎叶与基生叶和下部茎叶同形并等样分裂，但较小；最上部茎叶宽线形或宽线状披针形，接花序下部的叶钻形，全部叶两面光滑无毛。

花：头状花序少数，在茎枝顶端排成伞房状花序；总苞钟状，长 1.5 ～ 2 cm，总苞片 4 ～ 5 层，最外层卵形，中层长三角形至披针形，内层长披针形，全部总苞片外面光滑无毛；舌状小花多，黄色。

果：瘦果长椭圆状，褐色，稍扁，长约 3 mm，每面有 5 条高起的纵肋，肋间有横皱纹；冠毛白色、纤细、柔软，长 1.2 cm。

根：垂直直伸，须根多。

花果期：花果期 6—9 月。

分布与生境：分布于黑龙江、吉林、河北、内蒙古、陕西、山东等地。生于山坡草地、河边或盐碱地。

价值：嫩芽可食用；可药用，有清热解毒、凉血利湿、消肿排脓、补虚止咳等功效。

苣荬菜 *Sonchus wightianus*

别名：南苦苣菜

属名：苦苣菜属

识别特征：

株：多年生草本。高30～150 cm，全株有乳汁。

茎：根状茎垂直直伸；茎直立，少分枝，有细条纹。

叶：多数叶互生，披针形或长圆状披针形，羽状或倒向羽状深裂、半裂或浅裂，全长6～24 cm，侧裂片2～5对；全部叶裂片边缘有小锯齿或无锯齿而有小尖头；基生叶多，具短柄；茎生叶无柄，顶端急尖、短渐尖或钝，两面光滑无毛。

花：头状花序在茎枝顶端排成伞房状花序；总苞钟状，长1～5 cm，基部有绒毛，总苞片3层，外层披针形，长4～6 mm，宽1～1.5 mm，中内层披针形，长达1.5 cm，宽3 mm，全部总苞片顶端长渐尖，外面沿中脉有1行头状具柄的腺毛；舌状小花多，黄色。

果：瘦果长椭圆形，长3.7～4 mm，每面有5条细肋、肋间有横皱纹；冠毛白色，长1.5 cm，基部连合成环。

根：根垂直直伸。

花果期：花期1—9月。

分布与生境：分布于辽宁、陕西、宁夏、新疆、福建、湖南等地。生于盐碱坡草地、林间草地、潮湿地或近水旁、村边或河边砾石滩。

价值：全草可入药，有清热解毒、利湿排脓、凉血止血等功效。

苦荬菜 *Ixeris polycephala*

别名：多头苦荬、多头苦荬菜

属名：苦荬菜属

识别特征：

株：一年生草本。高 10 ～ 80 cm，基部直径 2 ～ 4 mm。

茎：直立，上部有伞房花序状分枝，或自基部分枝；全部茎枝无毛。

叶：基生叶花期生存，线形或线状披针形，包括叶柄长 7 ～ 12 cm；中下部茎叶披针形或线形，长 5 ～ 15 cm；向上叶渐小，与中下部茎叶同形，基部箭头状半抱茎或长椭圆形；全部叶两面无毛，边缘全缘。

花：头状花序多，在茎枝顶端排成伞房花序，花序梗细；总苞圆柱状，长 5 ～ 7 mm，总苞片 3 层，外层及最外层极小，卵形，内层卵状披针形，长 7 mm；舌状小花黄色，极少白色，10 ～ 25 枚。

果：瘦果褐色，长椭圆形，长 2.5 mm，有 10 条高起的尖翅肋，无毛；喙细，细丝状；冠毛白色，不等长。

根：垂直直伸，须根多。

花果期：花果期 3—6 月。

分布与生境：分布于陕西、江苏、浙江、辽宁、山东、四川、广西等地。生于山坡、山谷林缘、灌丛、林下或田间、路旁。

价值：全草可入药，有清热解毒、去腐化脓、凉血止血等功效；禽畜饲料。

鳢肠 *Eclipta prostrata*

别名：旱莲草、墨草、墨旱莲

属名：鳢肠属

识别特征：

株：一年生草本。高 60 cm。

茎：细弱，直立、斜升或平卧，通常自基部分枝；被贴生糙毛；具淡黑色液汁。

叶：长圆状披针形或披针形，长 3 ～ 10 cm，无柄或有极短的柄，顶端尖或渐尖，边缘有细锯齿或仅波状，两面密被硬糙毛，基出三脉；无叶柄。

花：头状花序径 6 ～ 8 mm，1 ～ 3 个腋生或顶生，有细花序梗；总苞球状钟形，总苞片 5 ～ 6 片排成两层，绿色，草质；外围雌花两层，舌状，短片短，顶端 2 浅裂或全缘；中央两性花多数，花冠管状，白色，顶端 4 齿裂；花托凸，有披针形或线形托片，托片中部以上有微毛。

果：瘦果暗褐色，长 2.8 mm；雌花的瘦果三棱形，两性花的瘦果扁四棱形；边缘具白色肋，无冠毛。

花果期：花期 6—9 月。

分布与生境：分布于我国各地。生于低洼湿润地带、水田、河边等处。

价值：全草可入药，有凉血、止血、水肿、强壮之功效；饲料；嫩株可食用。

全叶马兰 *Aster pekinensis*

别名：全叶鸡儿肠、全缘叶马兰

属名：紫菀属

识别特征：

株：多年生草本。高 30 ～ 70 cm。

茎：直立，单生或数个丛生，被细硬毛，中部以上有近直立的帚状分枝。

叶：下部叶在花期枯萎；中部叶多而密，条状披针形、倒披针形或矩圆形，长 2.5 ～ 4 cm，全缘，边缘稍反卷；上部叶较小，条形；全部叶下面灰绿，被粉状短绒毛，中脉在下面凸起。

花：头状花序单生于枝端，排成伞房状；总苞半球形，径 7 ～ 8 mm，总苞片 3 层，覆瓦状排列，外层近条形，内层矩圆状披针形；舌状花 1 层，有毛，长 1.1 cm，舌片淡紫色；管状花花冠长 3 mm，熟时浅褐色，有毛。

果：瘦果倒卵形，浅褐色，扁，有浅色边肋；冠毛带褐色，不等长，弱而易脱落。

根：直根长纺锤状。

花果期：花期 6—10 月，果期 7—11 月。

分布与生境：分布于我国各地。生于山坡、林缘、灌丛、路旁、田野。

价值：可作饲料。

泥胡菜 *Hemisteptia lyrata*

别名：猪兜菜

属名：泥胡菜属

识别特征：

株：一年生草本。高 30 ～ 100 cm。

茎：单生，稀簇生，通常纤细，被稀疏的蛛丝状毛，上部常分枝。

叶：基生叶长椭圆形或倒披针形，花期通常枯萎；中下部茎叶与基生叶同形，长 4 ～ 15 cm；全部叶均大头羽状深裂或几全裂，侧裂片 4 ～ 6 对；全部茎叶质地薄，两面异色，上面绿色，无毛，下面灰白色，被绒毛；基生叶及下部茎生叶叶柄长达 8 cm，基部抱茎。

花：头状花序在茎枝顶端排成疏伞房状；总苞宽钟形或半球形，径 1.5 ～ 3 cm，总苞片多层，覆瓦状排列，最外层长三角形，外层及中层椭圆形或卵状椭圆形，最内层线状长椭圆形或长椭圆形；全部苞片质地薄，草质；小花紫色或红色，檐部长 3 mm，深 5 裂，花冠裂片线形，细管部长 1.1 cm。

果：瘦果小，楔状或扁斜楔形，长 2.2 mm，深褐色，有膜质果缘。

花果期：花果期 3—8 月。

分布与生境：分布于我国各地。生于路旁荒地或水塘边，或较湿润的丘陵、山谷、溪边和荒山草坡等地。

价值：全草可入药，有清热解毒、消肿散结等功效，可用于乳腺炎、颈淋巴结炎、痈肿疔疮、风疹瘙痒等症。

蒲公英 *Taraxacum mongolicum*

别名：婆婆丁、灯笼草、地丁

属名：蒲公英属

识别特征：

株：多年生草本。高10 ~ 25 cm，具白色乳汁，无茎。

叶：莲座状簇生，倒卵状披针形、倒披针形或长圆状披针形，长4 ~ 20 cm，全缘或具齿，每侧裂片3 ~ 5片，裂片三角形或三角状披针形，通常具齿，平展或倒向，裂片间常夹生小齿；叶片基部渐狭成叶柄，叶柄及主脉常带红紫色，疏被蛛丝状白色柔毛或无毛。

花：头状花序，花葶1至数个，高10 ~ 25 cm；总苞钟状，淡绿色，总苞片2 ~ 3层，外层卵状披针形或披针形，边缘宽膜质，基部淡绿色，上部紫红色，被白色长柔毛，长0.8 ~ 1 cm，内层线状披针形，长于外层苞片，顶端具小角状突起，长1 ~ 1.6 cm；舌状花黄色，偶见白色或浅粉红色，边缘花舌片背面具紫红色条纹；花药和柱头暗绿色。

果：瘦果倒卵状披针形，暗褐色，长约4 ~ 5 mm，上部具小刺，下部有成行排列的小瘤；冠毛白色，长约6 mm。

根：圆锥状，黑褐色，粗壮。

花果期：花期4—9月，果期5—10月。

分布与生境：分布于辽宁、吉林、河北、陕西、山东、青海、江苏等地。生于路旁、田野、山坡、河滩等处。

价值：可食用，有丰富的营养价值；全草可入药，有清热解毒、利尿散结等功效。

秋英 *Cosmos bipinnatus*

别名：波斯菊、大波斯菊、秋樱

属名：秋英属

识别特征：

株：一年或多年生草本。高 1 ~ 2 m。

茎：无毛或疏被柔毛。

叶：2 次羽状深裂，裂片线形或丝状线形。

花：头状花序单生，径 3 ~ 6 cm；花序梗长 6 ~ 18 cm；总苞片外层披针形或线状披针形，近革质，淡绿色，具深紫色条纹，内层椭圆状卵形，膜质；舌状花紫红色、粉红色或白色，舌片椭圆状倒卵形，长 2 ~ 3 cm，有 3 ~ 5 钝齿；管状花黄色，长 6 ~ 8 mm，管部短，上部圆柱形，有披针状裂片。

果：瘦果黑紫色，无毛，上端具长喙，有 2 ~ 3 个尖刺。

根：纺锤状，须根多，或近茎基部有不定根。

花果期：花期 6—8 月，果期 9—10 月。

分布与生境：分布于我国各地，云南、四川西部有大面积栽培。生于路旁、田埂、溪岸等处。

价值：用于园林绿化、布置花境；全草可入药，有清热解毒、明目化湿等功效。

黄秋英 *Cosmos sulphureus*

别名：硫华菊、硫磺菊、黄波斯菊

属名：秋英属

识别特征：

株：一年生草本。高 1.5 ～ 2 m，具柔毛。

茎：直立，多分枝。

叶：对生，全缘，2 ～ 3 次羽状深裂，裂片披针形，有短尖，叶缘粗糙。

花：头状花序 2.5 ～ 5 cm，花序梗长 6 ～ 25 cm；总苞近钟形，总苞片 2 层，外层较内层短，狭椭圆形，内层长椭圆状披针形；舌状花橘黄色或金黄色，先端具 3 齿；管状花黄色。

果：瘦果总长 1.8 ～ 2.5 cm，棕褐色，坚硬，粗糙有毛，顶端有细长喙。

花果期：花期 6—7 月，果期 8—11 月。

分布与生境：分布于我国各地。适生于肥沃、疏松和排水良好的微酸性沙质壤土。

价值：园林美化、花坛布置。

旋覆花 *Inula japonica*

别名：金佛花、金佛草、六月菊

属名：旋覆花属

识别特征：

株：多年生草本。高 30 ～ 70 cm。

茎：根状茎短，横走或斜升，有粗壮的须根；茎单生，有时 2 ～ 3 个簇生，直立，有时基部具不定根。

叶：基部叶常较小，花期枯萎；中部叶长圆形、长圆状披针形或披针形，长 4 ～ 13 cm；上部叶渐狭小，线状披针形，下面有疏伏毛和腺点，中脉和侧脉有较密长毛。

花：头状花序径 3 ～ 4 cm，多数或少数排列成疏伞房状，花序梗细长；总苞半球形，总苞片约 6 层，线状披针形，近等长；舌状花黄色，舌片线形，长 1 ～ 1.3 cm；管状花约 5 mm，有三角状披针形裂片。

果：瘦果圆柱形，有 10 条沟，疏被短毛；冠毛 1 层，白色，有 20 余个微糙毛，与管状花近等长。

根：根横走或斜升，有多数粗壮的须根。

花果期：花期 6—10 月，果期 9—11 月。

分布与生境：分布于我国北部、东北部、中部、东部等地。生于山坡路旁、湿润草地、河岸和田埂上。

价值：可药用，可治疗风寒咳嗽、痰饮蓄结等症；根及叶入药，有治刀伤、疔毒功效，煎服可平喘镇咳；花是健胃祛痰药，可治胸膈痞闷、胃部膨胀、嗳气、咳嗽、呕逆等。

钻叶紫菀 *Symphyotrichum subulatum*

别名：钻形紫菀

属名：联毛紫菀属

识别特征：

株：一年生草本。高 8 ～ 150 cm。

茎：单一，直立，自基部、中部或上部分枝；茎和分枝具粗棱，光滑无毛，基部或下部略带紫红色。

叶：茎生叶多，互生，无柄，条状披针形，极稀狭披针形，长 2 ～ 15 cm，两面绿色，全缘，无毛；上部叶渐小，近线形；全部叶无柄。

花：头状花序顶生，排成圆锥状花序；总苞钟状，径 7 ～ 10 mm，总苞片 3 ～ 4 层，无毛，背面绿色，先端略带红色，外层较短，披针状线形，内层较长，线状钻形；舌状花舌片狭小，线形，长 1.5 ～ 2 mm，长与冠毛相等或者稍长，红色；管状花多，冠檐狭钟状筒形，先端 5 齿裂，冠管细，长 1.5 ～ 2 mm。

果：瘦果线状长圆形，长 1.5 ～ 2 mm，稍扁，具边肋，略有毛。

根：主根圆柱状，向下渐狭，具多数侧根和纤维状细根；冠毛 1 层，细而软。

花果期：花果期 6—10 月。

分布与生境：属于入侵物种，分布于江苏、浙江、江西、湖北、湖南等地。生于山坡、灌丛、林缘、路旁。

价值：全草可药用，有清热、解毒之功效，可治疗湿疹、疮疡肿毒等症。

三裂叶豚草 *Ambrosia trifida*

别名：三裂豚草、大破布草

属名：豚草属

识别特征：

株：一年生粗壮草本。高 50 ～ 120 cm，有时可达 170 cm，有分枝，被短糙毛，有时近无毛。

茎：被糙毛，有时近无毛。

叶：对生，有时互生，具叶柄；下部叶 3 ～ 5 裂，上部叶 3 裂或不裂，裂片卵状披针形或披针形，有锐齿，基脉 3 出，下面灰绿色，两面被糙伏毛；叶柄长 2 ～ 3.5 cm，被糙毛，边缘有窄翅，被长缘毛。

花：雄头状花序多数，圆形，径约 5 mm，花序梗长 2 ～ 3 mm，下垂，在枝端密集成总状；总苞浅碟形，绿色，总苞片有 3 肋，有圆齿，被疏糙毛；花托无托片，具白色长柔毛；每头状花序有 20 ～ 25 不育小花；小花黄色，长 1 ～ 2 mm，花冠钟形，上端 5 裂，外面有 5 紫色条纹；雌头状花序在雄头状花序下面叶状苞片的腋部成团伞状；总苞倒卵形，长 6 ～ 8 mm，顶端具圆锥状短嘴，嘴部以下有 5 ～ 7 肋，每肋顶端有瘤或尖刺，无毛。

果：瘦果倒卵形，无毛，藏于坚硬的总苞中。

花果期：花期 8 月，果期 9—10 月。

分布与生境：分布于东北、华北、西北等地。生于山坡石砾质草地、草原、沙丘及沿河流两岸的砂地。

价值：牛羊牧草；保持水土。

牛蒡 *Arctium lappa*

别名： 大力子、恶实、牛蒡子

属名： 牛蒡属

识别特征：

株：两年生草本。高达 2 m，基部直径达 2 cm。

茎：粗壮，通常带紫红或淡紫红色，有多数高起的条棱，分枝斜升，多数；全部茎枝被稀疏的乳突状短毛及长蛛丝毛，并混杂以棕黄色的小腺点。

叶：基生叶宽卵形，长 30 cm，基部心形，上面疏生糙毛及黄色小腺点，下面灰白或淡绿色，被绒毛，有黄色小腺点，叶柄长 32 cm，灰白色，密被蛛丝状绒毛及黄色小腺点；茎生叶与基生叶近同形，具等样及等量的毛被，接花序下部的叶小，基部平截或浅心形。

花：头状花序排成伞房或圆锥状伞房花序，花序梗粗；总苞卵形或卵球形，径 1.5 ~ 2 cm，总苞片多层，绿色，无毛，近等长，先端有软骨质钩刺，外层三角状或披针状钻形，中内层披针状或线状钻形，宽 1.5 ~ 3 mm；小花紫红色，花冠长 1.4 cm，外面无腺点。

果：瘦果倒长卵圆形或偏斜倒长卵圆形，长 5 ~ 7 mm，浅褐色，有深褐色斑或无色斑；冠毛多层，浅褐色，冠毛刚毛糙毛状，不等长，长达 3.8 mm，基部不连合成环，分散脱落。

根：肉质直根粗大，长达 15 cm，径可达 2 cm，有分枝支根。

花果期：花果期 6—9 月。

分布与生境： 分布于我国各地。生于山坡、山谷、林缘、林中、灌木丛中以及河边潮湿地、村庄路旁或荒地。

价值： 可入药，有疏散风热、宜肺透疹、散结解毒、降血糖、抗衰老、抗癌等功效；可加工食品或饮料；工业上可提取挥发油。

串叶松香草 *Silphium perfoliatum*

别名：串叶草

属名：松香草属

识别特征：

株：多年生草本。高 2 ～ 3 m。

茎：实心，嫩时质脆含汁；直立，四棱形，上部分枝。

叶：深绿，叶片宽大，一般长约 60 cm，宽约 30 cm，最长叶可达 97 cm；叶片长椭圆形，叶面皱缩，叶缘有缺刻，叶面及叶缘有稀疏的刚毛；基生叶有柄，茎生叶无柄，对生，两叶基部相连，茎似从中穿过；鲜草有特异的松香味。

花：头状花序，花盘直径 2 ～ 3 cm，总苞苞片数层，舌片先端 3 齿；管状花黄色，两性，不育。

种子：瘦果心脏形，扁平，褐色，边缘有薄翅，似榆钱。

根：根系发达粗壮，支根多；主要分布在 10 ～ 30 cm 的土层中，深的可达 1 m 以上。

花果期：花期 6—9 月，果期 9—10 月。

分布与生境：多分布于我国南方，北方也有分布。在酸性至中性沙壤土和壤土上生长良好，也可在沟坡地、撂荒地、房前屋后休闲地等非耕种地生长，抗盐性较差。

价值：可从植于墙边、林缘等处作背景材料，也可从植于园路边、草地中点缀；可作牧草。

金腰箭 *Synedrella nodiflora*

别名：苞壳菊

属名：金腰箭属

识别特征：

株：一年生草本。高 0.5 ～ 1 m，基部径约 5 mm。

茎：2 歧分枝，被贴生粗毛或后脱毛。

叶：下部和上部叶具柄，宽卵形或卵状披针形，连叶柄长 7 ～ 12 cm，基部下延成翅状宽柄，宽 2 ～ 5 mm，两面被贴生、基部疣状糙毛，在下面的毛较密，近基三出主脉。

花：头状花序径 4 ～ 5 mm，常 2 ～ 6 簇生叶腋，或在顶端成扁球状，稀单生；小花黄色；总苞卵圆形或长圆形，总苞片数个，外层绿色，卵状长圆形或披针形，长 1 ～ 2 cm，被贴生糙毛，内层干膜质，长圆形或线形，长 4 ～ 8 mm，背面被疏糙毛或无毛；舌状花连管部长约 1 cm，舌片椭圆形，顶端 2 浅裂；管状花向上渐扩大，花檐部 4 浅裂，裂片卵状或三角状渐尖。

果：雌花瘦果倒卵状长圆形，扁平，深黑色，长约 5 mm；冠毛 2，挺直，刚刺状，向基部粗厚，顶端锐尖；两性花瘦果倒锥形或倒卵状圆柱形，长 4 ～ 5 mm，黑色，有纵棱，腹面压扁，两面有疣状突起，腹面突起粗密；冠毛 2 ～ 5，叉开，刚刺状，等长或不等长，基部略粗肿，顶端锐尖。

花果期：花期 6—10 月，果期 6 月至翌年 1 月。

分布与生境：分布于我国东南至西南部。生于旷野、耕地、路旁及宅旁。

价值：可药用，有清热透疹、解毒消肿之功效。

蓝花矢车菊 *Cyanus segetum*

别名：蓝芙蓉、矢车菊

属名：矢车菊属

识别特征：

株：一年或二年生草本。高 30 ～ 70 cm 或更高，植株灰白色。

茎：直立，自中部分枝，极少不分枝。

叶：基生叶及下部茎生叶长椭圆状倒披针形或披针形，全缘，或琴状羽裂，顶裂片较大，边缘有小锯齿；中部茎生叶条形、宽条形或条状披针形，先端渐尖、基部楔形，全缘；上部茎生叶与中部茎生叶同形，但渐小。

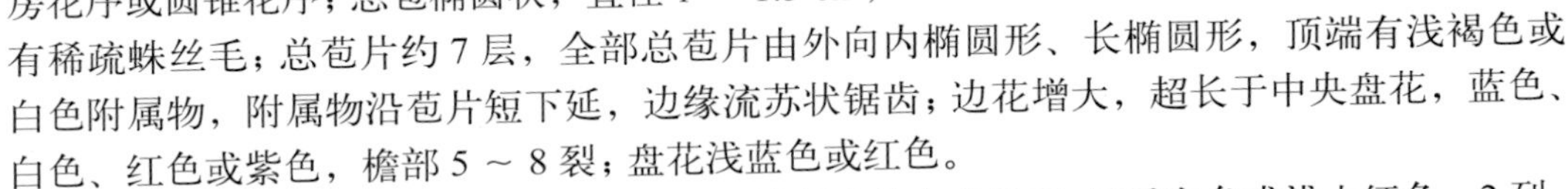

花：头状花序多数或少数，在茎枝顶端排成伞房花序或圆锥花序；总苞椭圆状，直径 1 ～ 1.5 cm，有稀疏蛛丝毛；总苞片约 7 层，全部总苞片由外向内椭圆形、长椭圆形，顶端有浅褐色或白色附属物，附属物沿苞片短下延，边缘流苏状锯齿；边花增大，超长于中央盘花，蓝色、白色、红色或紫色，檐部 5 ～ 8 裂；盘花浅蓝色或红色。

果：瘦果椭圆形，长 3 mm，有细条纹，被稀疏的白色柔毛；冠毛白色或浅土红色，2 列，外列多层，向内层渐长；冠毛刚毛毛状。

花果期：花果期 2—8 月。

分布与生境：分布于我国各地。适应性较强，喜欢阳光充足，不耐阴湿。

价值：用于园林绿化、观赏；边花可入药，有利尿功效；全草浸出液可明目。

毛连菜 *Picris hieracioides*

别名：枪刀菜

属名：毛连菜属

识别特征：

株：两年生草本。高 16 ～ 120 cm。

茎：直立，上部呈伞房状或伞房圆状分枝；有纵沟纹，被光亮钩状硬毛。

叶：基生叶花期枯萎；下部茎生叶长椭圆形或宽披针形，长 8 ～ 34 cm，先端渐尖或急尖或钝，边缘全缘或有尖锯齿或大而钝的锯齿，基部渐窄成翼柄；中部和上部茎生叶披针形或线形，较下部茎叶小，无柄，基部半抱茎；最上部叶全缘；全部茎叶两面被硬毛。

花：头状花序排成伞房或伞房圆锥花序，花序梗细长；总苞圆柱状钟形，长达 1.2 cm，总苞片 3 层，背面被硬毛和柔毛，外层线形，长 2 ～ 4 mm，顶端急尖，内层长，线状披针形，长 1 ～ 1.2 cm，边缘白色，膜质；舌状小花黄色，冠筒被白色柔毛。

果：瘦果纺锤形，长约 3 mm，棕褐色，有纵肋，肋上有横皱纹；冠毛白色，外层极短，糙毛状，内层长，羽毛状，长约 6 mm。

根：垂直直伸，粗壮。

花果期：花果期 6—9 月。

分布与生境：分布于吉林、河北、甘肃等地。生于山坡草地、林下、沟边、田间、撂荒地或沙滩地。

价值：作牛羊牧草；保持水土；全草可入药，有泻火解毒、祛瘀止痛、解毒、消肿、止痛等功效。

向日葵 *Helianthus annuus*

别名： 葵花、向阳花、望日葵

属名： 向日葵属

识别特征：

株：一年生草本。高 3 ～ 5 m。

茎：圆形，直立，粗壮，表面粗糙并被有刚毛，不分枝或有时上部分枝。

叶：互生，心状卵圆形或卵圆形，顶端急尖或渐尖，有 3 条基出脉，边缘有粗锯齿，两面被短糙毛，有长柄。

花：头状花序极大，径约 10 ～ 30 cm，单生于茎端或枝端，常下倾；总苞片多层，叶质，覆瓦状排列，卵形至卵状披针形，顶端尾状渐尖，被长硬毛或纤毛；舌状花多数，黄色，舌片开展，长圆状卵形或长圆形，不结实；管状花极多数，棕或紫色，有披针形裂片，结果实。

果：瘦果倒卵圆形或卵状长圆形，长 1 ～ 1.5 cm，常被白色柔毛，上端有 2 膜片状早落冠毛。

根：根系发达，在土壤中分布广而深，60% 左右的根系分布在 0 ～ 40 cm 土层中。

花果期：花期 7—9 月，果期 8—9 月。

分布与生境： 分布于我国各地。生于路边、田野、沙漠边缘、草地、潮湿地等。

价值： 种子有较高食用价值，可以烹饪或用于制作蛋糕、冰淇淋、月饼等甜食；种子、花盘、茎髓、叶、花、根等均可入药，种子可驱虫止痢、降脂，花盘可清热化痰、凉血止血，茎髓为利尿消炎剂，叶与花瓣可清热解毒或作健胃剂，根用水煎服，可治疗尿频、尿急、尿痛等症；种子可榨油；较高观赏价值；对放射性物质、重金属有净化作用。

菊芋 *Helianthus tuberosus*

别名：番羌、洋羌

属名：向日葵属

识别特征：

株：多年生草本。高 1 ～ 3 m。

茎：直立，有分枝，被白色糙毛或刚毛。

叶：通常对生，有叶柄，但上部叶互生；下部叶卵圆形或卵状椭圆形，有长柄，长 10 ～ 16 cm，有粗锯齿，离基 3 出脉，上面被白色粗毛、下面被柔毛，叶脉有硬毛；上部叶长椭圆形或宽披针形，基部下延成短翅状，顶端渐尖，短尾状。

花：头状花序单生枝端，有 1 ～ 2 线状披针形苞片，直立，径 2 ～ 5 cm；总苞片多层，披针形，长 1.4 ～ 1.7 cm，背面被伏毛；托片长圆形，长 8 mm，背面有肋、上端不等 3 浅裂；舌状花 12 ～ 20，舌片黄色，长椭圆形，长 1.7 ～ 3 cm；管状花花冠黄色，长 6 mm。

果：瘦果小，楔形，上端有 2 ～ 4 个有毛的锥状扁芒。

根：纤维状根。

花果期：花期 8—9 月，果期 9—10 月。

分布与生境：分布于我国各地。耐瘠薄，除酸性土壤、沼泽和盐碱地带不宜种植外，在废墟、宅边、路旁等处都可生长。

价值：块茎、茎叶可入药，有清热凉血、接骨之功效；块茎可食用；可作饲料；制作果糖产品、生物柴油的原材料。

百合科 Liliaceae

薤白 *Allium macrostemon*

别名：小根蒜、羊胡子、独头蒜

属名：葱属

识别特征：

株：多年生草本。高 30 ～ 70 cm。

茎：鳞茎单生，近球状，径 0.7 ～ 2 cm，基部常具小鳞茎；外皮带黑色，纸质或膜质，不裂。

叶：半圆柱状或三棱状半圆柱形，中空，短于花葶，宽 2 ～ 5 mm。

花：花葶圆柱状，1/4 ～ 1/3 被叶鞘；花梗近等长，长为花被片 3 ～ 5 倍，具小苞片；珠芽暗紫色，具小苞片；花淡紫或淡红色；花被片长圆状卵形或长圆状披针形，长 4 ～ 5.5 mm，等长，内轮常较窄；花丝等长，比花被片稍短或长 1/3，基部合生并与花被片贴生，分离部分的基部三角形，内轮基部较外轮宽 1.5 倍；子房近球形，腹缝基部具有帘的凹陷蜜穴，花柱伸出花被。

花果期：花果期 5—7 月。

分布与生境：除新疆、青海外，我国各地均有分布。生于山坡、丘陵、山谷、干草地、荒地、林缘、草甸以及田间等地。

价值：鳞茎可药用，具理气、宽胸、通阳、散结等功效；可作蔬菜食用。

鸢尾科 Iridaceae

马蔺 *Iris lactea*

别名：紫蓝草、马莲、马兰

属名：鸢尾属

识别特征：

株：多年生密丛草本。

茎：根状茎粗壮，木质化，包有红紫色老叶残留纤维，斜伸。

叶：基生，坚韧，灰绿色，条形或狭剑形，无明显中脉，长约 50 cm。

花：花茎光滑，高 3 ～ 10 cm；苞片草质，绿色，边缘白色，披针形，内含花 2 ～ 4 朵；花蓝色，外花被裂片倒披针形，长 4.2 ～ 4.5 cm，内花被裂片，狭倒披针形，长 4.2 ～ 4.5 cm；雄蕊长 2.5 ～ 3.2 cm，花药黄色，花丝白色；子房纺锤形，长 4 ～ 4.5 cm。

果：蒴果长椭圆状柱形，有短喙，有 6 肋。

种子：不规则多面体，棕褐色，略有光泽。

根：须根粗而长，黄白色，分枝少，稠密发达，长度可在 1 m 以上，呈伞状分布。

花果期：花期 5—6 月，果期 6—9 月。

分布与生境：分布于吉林、辽宁、内蒙古、青海、山西、山东、江苏等地。生于荒地、路旁、山坡草地。

价值：花、种子、根均可入药，花晒干服用可利尿通便，种子和根可除湿热、止血、解毒，种子有退烧、解毒、驱虫的功效；纤维植物，可代替麻生产纸、绳，叶是编制工艺品的原料，根可以制作刷子；水土保持和改良盐碱土；地被观赏；用作饲料，绵羊喜食。

禾本科 Poaceae

白茅 *Imperata cylindrica*

别名：茅针、茅根

属名：白茅属

识别特征：

株：多年生草本。高 30 ～ 80 cm。

茎：根状茎粗壮；秆直立，1 ～ 3 节，节无毛，常被叶鞘所包。

叶：叶鞘聚集于秆基，长于其节间，质地较厚；叶舌膜质，紧贴背部，鞘口具柔毛，扁平，质地较薄；分蘖叶片扁平，质地较薄；秆生叶片窄线形，通常内卷，顶端渐尖呈刺状，或具柄，质硬，被有白粉，基部上面具柔毛。

花：圆锥花序圆柱状，分支短缩稠密，基盘具丝状柔毛；两颖草质，边缘膜质，常具纤毛，脉间疏生长丝状毛；雄蕊 2；花柱细长，柱头 2，紫黑色，羽状，自小穗顶端伸出。

果：颖果椭圆形，胚长为颖果一半。

花果期：花果期 4—6 月。

分布与生境：分布于辽宁、河北、山西、山东、陕西、新疆等地区。生于低山带平原河岸草地、沙质草甸、荒漠与海滨等处。

价值：根茎可药用，有凉血止血、清热、利尿等功效，可治肺热、吐血、水肿等症。

稗 *Echinochloa crus-galli*

别名：旱稗

属名：稗属

识别特征：

株：一年生草本。高 50 ～ 150 cm。

茎：秆光滑无毛，基部倾斜或膝曲。

叶：叶鞘疏松裹秆，平滑无毛，下部者长于节间而上部者短于节间；叶舌缺；叶片扁平，线形，无毛，边缘粗糙。

花：圆锥花序直立，近尖塔形；主轴具棱，粗糙或具疣基长刺毛；分枝斜上举或贴向主轴；穗轴粗糙或生疣基长刺毛；小穗卵形，长 4 ～ 6 mm，脉上密被疣基刺毛；第一颖三角形，长为小穗的 1/2 ～ 2/3，基部包卷小穗；第二颖与小穗等长，具小尖头，有 5 脉，脉上具刚毛或有时具疣基毛，芒长 0.5 ～ 1.5 cm；第一小花通常中性，外稃草质，具 7 脉，内稃薄膜质，第二外稃椭圆形，革质，坚硬，边缘包卷同质的内稃。

花果期：花果期 7—10 月。

分布与生境：多生于贵州、福建、广东、海南等地。生于沼泽地或水沟边。

价值：牲畜优良牧草；子实可作家畜及家禽的精饲料。

孔雀稗 *Echinochloa cruspavonis*

属名：稗属

识别特征：

株：多年生草本。高 120 ～ 180 cm。

茎：秆粗壮，基部倾斜而节上生根。

叶：叶鞘疏松裹秆，平滑无毛；叶舌缺；叶片扁平，两面线形，无毛，边缘增厚而粗糙。

花：圆锥花序下垂，分枝上再具小枝；小穗卵状披针形，长 2 ～ 2.5 mm，带紫色，脉上无疣基毛；第一颖三角形，长为小穗 1/3 ～ 2/5，具 3 脉；第二颖与小穗等长，顶端有小尖头，具 5 脉，脉上具硬刺毛；第二小花通常中性，其外稃草质，顶端具长 1 ～ 1.5 cm 的芒，具 5 ～ 7 脉，脉上具刺毛；第二外稃革质，平滑光亮，顶端具小尖头，边缘包卷同质的内稃，内稃顶端外露；鳞被 2，折叠；花柱基分离。

果：颖果椭圆形，长约 2 mm ；胚长为颖果的 2/3。

花果期：花果期 7—10 月。

分布与生境：分布于我国各地，多在北方各地。生于田野与沟边等湿地滨水处。

价值：牛羊牧草；子实可作家畜或家禽精饲料。

光头稗 *Echinochloa colona*

别名：芒稷、扒草、穇草

属名：稗属

识别特征：

株：一年生草本。秆直立，高 10 ～ 60 cm。

叶：叶鞘压扁而背具脊，无毛；叶舌缺；叶片扁平，线形，长 3 ～ 20 cm，无毛，边缘稍粗糙。

花：圆锥花序狭窄，长 5 ～ 10 cm；主轴具棱，通常无疣基长毛，棱边上粗糙；花序分枝长 1 ～ 2 cm，排列稀疏，直立上升或贴向主轴，穗轴无疣基长毛或仅基部被 1 ～ 2 根疣基长毛；小穗卵圆形，长 2 ～ 2.5 mm，具小硬毛，无芒，较规则地成四行排列于穗轴的一侧；第一颖三角形，长约为小穗的 1/2，具 3 脉；第二颖与第一外稃等长而同形，顶端具小尖头，具 5 ～ 7 脉，间脉常不达基部；第一小花常中性，外稃具 7 脉，内稃膜质，稍短于外稃，脊上被短纤毛；第二外稃椭圆形，平滑，光亮，边缘内卷，包着同质的内稃；鳞被 2，膜质。

花果期：花果期夏秋季。

分布与生境：分布于我国各地。生于田野、园圃、路边湿润地上。

价值：可作牲畜精饲料；谷粒含淀粉，可制糖或酿酒。

狗尾草 *Setaria viridis*

别名：狗尾巴草

属名：狗尾草属

识别特征：

株：一年生草本。高 10 ～ 100 cm，基部径达 3 ～ 7 mm。

茎：秆直立或基部膝曲。

叶：叶鞘松弛，无毛，或疏被柔毛；叶舌极短，缘有长 1 ～ 2 mm 的纤毛；叶片扁平，长三角状狭披针形或线状披针形，长 4 ～ 30 cm，通常无毛或疏被疣毛，边缘粗糙。

花：圆锥花序紧密，呈圆柱状或基部稍疏离，直立或稍弯垂；主轴被较长柔毛，长 2 ～ 15 cm；小穗 2 ～ 5 个簇生于主轴上或更多的小穗着生在短小枝上，椭圆形，先端钝，铅绿色；花柱基分离。

果：颖果灰白色。

根：须状，具支持根。

花果期：花果期 10 月。

分布与生境：分布于我国各地。生于荒野、道旁，为旱地作物常见杂草。

价值：秆、叶可作饲料；可药用，可治痈瘀、面癣等；小穗可提炼糠醛；全草煮沸滤液可杀菜虫。

虎尾草 *Chloris virgata*

别名：棒锤草、刷子头、盘草

属名：虎尾草属

识别特征：

株：一年生草本。高 12 ～ 75 cm，径 1 ～ 4 mm。

茎：秆直立或基部膝曲，光滑无毛。

叶：叶鞘背部具脊，包卷松弛，无毛；叶舌无毛或具纤毛；叶片线形，长 3 ～ 25 cm，两面无毛或边缘及上面粗糙。

花：穗状花序 5 ～ 10 余枚，长 1.5 ～ 5 cm；指状着生于秆顶，常直立而并拢成毛刷状，成熟时常带紫色；小穗无柄，长约 3 mm；颖膜质，1 脉；第一小花两性，倒卵状披针形，长 2.8 ～ 3 mm；第二小花不孕，长楔形，长约 1.5 mm。

果：颖果纺锤形，淡黄色，光滑无毛而半透明；胚长约为颖果 2/3。

花果期：花果期 6—10 月。

分布与生境：分布于我国各地。生于路旁、荒野、河岸沙地、土墙及房顶上。

价值：根可药用，有活血调经、利尿等功效；天然牧草。

小画眉草 *Eragrostis minor*

别名：星星草、蚊蚊草

属名：画眉草属

识别特征：

株：一年生草本。高 15 ~ 50 cm，径 1 ~ 2 mm；有腥臭味。

茎：秆纤细，丛生，膝曲上升，具 3 ~ 4 节，节下有一圈腺体，鞘口具柔毛。

叶：叶鞘较节间短，松裹茎，叶鞘脉上有腺体，鞘口有长毛；叶舌退化成一圈长柔毛；叶片线形，扁平或内卷，长 3 ~ 15 cm，下面光滑，上面粗糙并疏生柔毛，主脉及边缘都有腺体。

花：圆锥花序开展而疏松，长 6 ~ 15 cm；小穗长圆形，绿色或深绿色，长 3 ~ 8 mm，有 3 ~ 16 小花；外稃宽卵形，先端圆钝；内稃宿存，弯曲，长约 1.6 mm，沿脊有纤毛；雄蕊 3。

果：颖果红褐色，近球形，径约 0.5 mm。

花果期：花果期 6—9 月。

分布与生境：分布于我国各地。生于荒芜田野、草地、路旁以及水边。

价值：可作牧草。

芦苇 *Phragmites australis*

别名：芦、苇、蒹葭

属名：芦苇属

识别特征：

株：多年生草本，水生或湿生。高 1 ~ 3 m。

茎：根状茎十分发达，秆高 1 ~ 3（~ 8）m，直立，具 20 多节，节下被蜡粉。

叶：叶鞘下部者短于上部者，长于节间；叶片披针状线形，无毛，顶端渐尖成丝形，叶片长 30 cm。

花：圆锥花序大型，长 20 ~ 40 cm，分枝多数，长 5 ~ 20 cm，着生稠密下垂的小穗；小穗柄无毛；小穗含 4 花；颖具 3 脉；雄蕊 3 枚，花药黄色。

果：颖果长约 1.5 mm。

花果期：花期 4—8 月，果期 5—9 月。

分布与生境：分布于我国各地。生于江河湖泽、池塘沟渠沿岸和低湿地等浅水滨水区域。

价值：固堤造陆、调节气候、涵养水源等；饲养牲畜；造纸和人造纤维、编席、织帘及建棚等材料；药用，有清热、生津、除烦、止呕等功效。

雀麦 *Bromus japonicus*

别名：唐本草、火燕麦

属名：雀麦属

识别特征：

株：一年生草本。高 40 ~ 90 cm。

茎：直立，叶鞘闭合，被柔毛。

叶：叶舌先端近圆形，长 1 ~ 2.5 mm；叶片长 12 ~ 30 cm，两面生柔毛。

花：圆锥花序舒展，长 20 ~ 30 cm，有 2 ~ 8 分枝，向下弯垂；分枝细，长 5 ~ 10 cm，上部着生 1 ~ 4 小穗；小穗黄绿色，密生 7 ~ 11 小花；颖近等长，脊粗糙，边缘膜质；外稃椭圆形，草质，边缘膜质，9 条脉；内稃两脊疏生细纤毛；小穗轴短棒状，长约 2 mm。

果：颖果长 7 ~ 8 mm。

花果期：花果期 5—7 月。

分布与生境：分布于辽宁、河北、山西、山东、甘肃、安徽、江苏等地。生于山坡林缘、荒野路旁、河漫滩湿地等处。

价值：药食兼用，有止汗、催产等功效，对汗出不止、难产等症有一定疗效。

芒颖大麦草 *Hordeum jubatum*

别名：芒麦草

属名：大麦属

识别特征：

株：多年生草本。高 30 ～ 45 cm。

茎：秆丛生，直立或基部稍倾斜，平滑无毛，径约 2 mm，具 3 ～ 5 节。

叶：叶鞘下部者长于节间而中部以上者短于节间；叶舌干膜质、截平，长约 0.5 mm；叶片扁平，粗糙，长 6 ～ 12 cm，宽 1.5 ～ 3.5 mm。

花：穗状花序柔软，绿色或稍带紫色，长约 10 cm（包括芒）；穗轴成熟时逐节断落，节间长约 1 mm，棱边具短硬纤毛；三联小穗两侧者各具长约 1 mm 的柄；两颖为长 5 ～ 6 cm 弯软细芒状，小花通常退化为芒状；中间无柄小穗的颖长 4.5 ～ 6.5 cm，细而弯；外稃披针形，具 5 脉，长 5 ～ 6 mm，先端具长达 7 cm 的细芒；内稃与外稃等长。

花果期：花果期 5—8 月。

分布与生境：多分布于北方地区。生于农田、路边等处。

价值：牛羊牧草；园林景观绿化。

披碱草 *Elymus dahuricus*

别名：直穗大麦草、野麦草

属名：披碱草属

识别特征：

株：多年生草本。高 70 ~ 140 cm。

茎：秆疏丛，直立，基部膝曲。

叶：叶鞘光滑无毛；叶片扁平，稀可内卷，上面粗糙，下面光滑，有时呈粉绿色。

花：穗状花序较紧密，直立，长 14 ~ 18 cm，径 0.5 ~ 1cm；穗轴边缘具小纤毛；小穗绿色，成熟后草黄色，长 1 ~ 1.5 cm，具 3 ~ 5 小花；颖披针形或线状披针形，长 0.8 ~ 1 cm，3 ~ 5 脉，脉粗糙，先端芒长达 5 mm；外稃披针形，两面密被短小糙毛，上部具 5 脉，芒长 1 ~ 2 cm，粗糙外展，第一外稃长约 9 mm；内稃与外稃近等长，先端平截，脊具纤毛，脊间疏被短毛。

花果期：花果期 7—9 月。

分布与生境：分布于东北、内蒙古、河北、河南、山西、陕西、青海、四川、新疆、西藏等地。生于山坡草地或路边。

价值：家畜牧草；护坡、水土保持和固沙等。

獐毛 *Aeluropus sinensis*

别名：马牙头、马绊草、小叶芦

属名：獐毛属

识别特征：

株：多年生低矮草本。高 15 ~ 35 cm，径 1.5 ~ 2 mm。

茎：秆具多节，节上多少有柔毛。

枝：通常有长匍匐枝。

叶：叶鞘通常长于节间或上部者可短于节间，鞘口常有柔毛，其余部分常无毛或近基部有柔毛；叶舌截平，长约 0.5 mm；叶片无毛，通常扁平，长 3 ~ 6 cm。

花：圆锥花序穗形，其上分枝密接而重叠，长 2 ~ 5 cm；小穗长 4 ~ 6 mm，有 4 ~ 6 小花，颖及外稃均无毛，或仅背脊粗糙，第一颖长约 2 mm，第二颖长约 3 mm，第一外稃长约 3.5 mm。

果：颖果卵形至长圆形。

花果期：花果期 5—8 月。

分布与生境：分布于东北、河北、山东、江苏等地沿海一带以及河南、山西、甘肃、宁夏、内蒙古、新疆等地。生于海岸边、内陆盐碱地等处。

价值：可作饲料；固沙及绿化；工艺品编织原料；盐渍土指示植物；全草可药用，有清热利尿、退黄等功效。

拂子茅 *Calamagrostis epigeios*

别名：林中拂子茅、密花拂子茅

属名：拂子茅属

识别特征：

株：多年生草本。高 45 ～ 100 cm。

茎：具根状茎；秆直立，平滑无毛或花序下稍粗糙，径 2 ～ 3 mm。

叶：叶鞘平滑或稍粗糙，短于或基部者长于节间；叶舌膜质，长 5 ～ 9 mm，长圆形，先端易破裂；叶片长 15 ～ 27 cm，扁平或边缘内卷，上面及边缘粗糙，下面较平滑。

花：圆锥花序紧密，圆筒形，劲直，具间断，长 10 ～ 25 cm，中部径 1.5 ～ 4 cm，分枝粗糙，直立或斜向上升；小穗长 5 ～ 7 mm，淡绿色或带淡紫色；两颖近等长或第二颖微短，先端渐尖，具 1 脉，主脉粗糙；外稃透明膜质，长约为颖之半，顶端具 2 齿，基盘的柔毛几与颖等长；内稃长约为外 2/3，顶端细齿裂；小穗轴不延伸于内稃之后，或有时仅于内稃之基部残留 1 微小的痕迹；雄蕊 3，花药黄色。

花果期：花果期 5—9 月。

分布与生境：分布于全国各地。生于滩地或潮湿地。

价值：可作牧草；根茎抗盐碱土壤，又耐强湿，可用于固定泥沙、保护河岸。

高粱 *Sorghum bicolor*

别名：蜀黍、桃黍、木稷、荻粱

属名：高粱属

识别特征：

株：一年生草本。高 3 ～ 5 m，横径 2 ～ 5 cm。

茎：秆较粗壮，直立，基部节上具支撑根。

叶：叶鞘无毛或稍有白粉；叶舌硬膜质，先端圆，边缘有纤毛；叶片线形至线状披针形，长 40 ～ 70 cm，宽 3 ～ 8 cm，先端渐尖，基部圆或微呈耳形，表面暗绿色，背面淡绿色或有白粉，两面无毛，边缘软骨质，具微细小刺毛，中脉较宽，白色。

花：圆锥花序疏松，主轴裸露，长 15 ～ 45 cm，总梗直立或微弯曲；主轴具纵棱，疏生细柔毛，分枝 3 ～ 7 枚，轮生，粗糙或有细毛，基部较密；每一总状花序具 3 ～ 6 节，节间粗糙或稍扁；无柄小穗倒卵形或倒卵状椭圆形；两颖均革质，上部及边缘通常具毛，初时黄绿色，成熟后为淡红色至暗棕色；外稃透明膜质，第一外稃披针形，边缘有长纤毛；第二外稃披针形至长椭圆形，具 2 ～ 4 脉，自裂齿间伸出一膝曲的芒，芒长约 14 mm；雄蕊 3，花药长约 3 mm；子房倒卵形，花柱分离，柱头帚状；有柄小穗的柄长约 2.5 mm，小穗线形至披针形，褐色至暗红棕色。

果：颖果两面平凸，长 3.5 ～ 4 mm，淡红色至红棕色，熟时宽 2.5 ～ 3 mm，顶端微外露。

根：有支撑根。

花果期：花果期 6—9 月。

分布与生境：分布于我国南北各地。生于山坡石砾质草地、草原、沙丘及沿河流两岸的砂地。

价值：种子（高粱米）可食用；药用，有治疗脾虚湿困、消化不良等功效。

赖草 *Leymus secalinus*

别名：厚穗赖草、滨草

属名：赖草属

识别特征：

株：多年生草本。高 0.4 ～ 1 m，上部密生柔毛，花序下部毛密。

茎：秆单生或疏丛生，直立；具 3 ～ 5 节。

叶：叶鞘无毛或幼时边缘具纤毛；叶舌膜质，截平，长 1 ～ 1.5 mm ；叶平展或干时内卷，长 8 ～ 30 cm，上面及边缘粗糙或被柔毛，下面无毛、微粗糙或被微毛。

花：穗状花序灰绿色，直立，长 10 ～ 15 cm ；穗轴节间长 3 ～ 7 mm，被柔毛；小穗 1 ～ 4 生于穗轴每节，长 1 ～ 2 cm，具 4 ～ 7 小花；小穗轴贴生毛；颖线状披针形，1 ～ 3 脉，先端芒尖，边缘被纤毛；外稃披针形，5 脉，被柔毛；内稃与外稃近等长，脊上半部被纤毛。

根：具下伸和横走的根茎。

花果期：花期 4—8 月，果期 5—9 月。

分布与生境：分布于新疆、甘肃、青海、陕西、四川、内蒙古、河北、山西、东北等地。生于沙地、平原绿洲及山地草原带。

价值：根茎或全草可入药，有清热利湿、止血之功效。

马唐 *Digitaria sanguinalis*

别名：蹲倒驴

属名：马唐属

识别特征：

株：一年生草本。高 10 ～ 80 cm，直径 2 ～ 3 mm。

茎：秆直立或下部倾斜，膝曲上升，无毛或节生柔毛。

叶：叶鞘短于节间，无毛或散生疣基柔毛；叶舌长 1 ～ 3 mm；叶片线状披针形，长 5 ～ 15 cm，宽 4 ～ 12 mm，基部圆形，边缘较厚，微粗糙，具柔毛或无毛。

花：总状花序长 5 ～ 18 cm，4 ～ 12 枚成指状着生于长 1 ～ 2 cm 的主轴上；穗轴直伸或开展，两侧具宽翼，边缘粗糙；小穗椭圆状披针形，长 3 ～ 3.5 mm；第一颖小，短三角形，无脉；第二颖具 3 脉，披针形，长为小穗的 1/2 左右，脉间及边缘大多具柔毛；第一外稃等长于小穗，具 7 脉，中脉平滑，两侧的脉间距离较宽，无毛，边脉上具小刺状粗糙，脉间及边缘生柔毛；第二外稃近革质，灰绿色，顶端渐尖，等长于第一外稃；花药长约 1 mm。

花果期：花果期 6—9 月。

分布与生境：分布于西藏、四川、新疆、陕西、甘肃、山西、河北、河南及安徽等地。生于路旁、田野等处。

价值：牛羊优质牧草；固土、绿化等。

升马唐 *Digitaria ciliaris*

别名：纤毛马唐

属名：马唐属

识别特征：

株：一年生草本。高 30 ～ 90 cm。

茎：秆基部横卧地面，节处生根和分枝。

叶：叶鞘常短于其节间，多少具柔毛；叶舌长约 2 mm；叶片线形或披针形，长 5 ～ 20 cm，宽 3 ～ 10 mm，上面散生柔毛，边缘稍厚，微粗糙。

花：总状花序 5 ～ 8 个，长 5 ～ 12 cm，呈指状排列于茎顶；穗轴边缘粗糙；小穗披针形，孪生于穗轴之一侧；小穗柄微粗糙，顶端截平；第一颖小，三角形；第二颖披针形，具 3 脉，脉间及边缘生柔毛；第一外稃等长于小穗，具 7 脉，脉平滑；第二外稃椭圆状披针形，革质，黄绿色或带铅色，等长于小穗；花药长 0.5 ～ 1 mm。

花果期：花果期 5—10 月。

分布与生境：分布于我国南北各地。生于农田、路旁、荒野、荒坡等处。

价值：牛羊优良牧草。

牛筋草 *Eleusine indica*

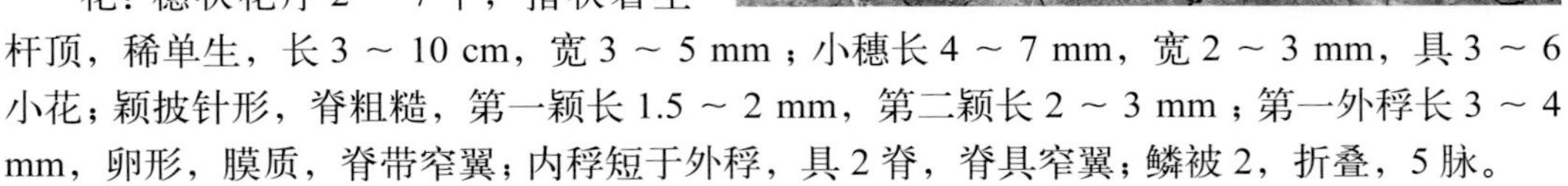

别名：蟋蟀草

属名：䅟属

识别特征：

株：一年生草本。高 10 ～ 90 cm。

茎：秆丛生，高 10 ～ 90 cm，基部倾斜。

叶：叶鞘两侧压扁而具脊，叶松散，无毛或疏生疣毛，叶舌长约 1 mm；叶线形，长 10 ～ 15 cm，宽 3 ～ 5 mm，无毛或上面被疣基柔毛。

花：穗状花序 2 ～ 7 个，指状着生秆顶，稀单生，长 3 ～ 10 cm，宽 3 ～ 5 mm；小穗长 4 ～ 7 mm，宽 2 ～ 3 mm，具 3 ～ 6 小花；颖披针形，脊粗糙，第一颖长 1.5 ～ 2 mm，第二颖长 2 ～ 3 mm；第一外稃长 3 ～ 4 mm，卵形，膜质，脊带窄翼；内稃短于外稃，具 2 脊，脊具窄翼；鳞被 2，折叠，5 脉。

果：囊果卵圆形，长约 1.5 mm，基部下凹，具波状皱纹；鳞被 2，折叠，具 5 脉。

根：根系发达。

花果期：花果期 6—10 月。

分布与生境：分布于我国南北各地。多生于荒芜之地或道路旁。

价值：全草可药用，有祛风利湿、清热解毒、散瘀止血等功效；可作饲料牧草；水土保持。

千金子 *Leptochloa chinensis*

别名：续随子

属名：千金子属

识别特征：

株：一年生草本。高 30 ～ 90 cm，无毛。

茎：秆直立，基部膝曲或倾斜，平滑无毛。

叶：叶鞘无毛，短于节间，叶舌膜质，长 1 ～ 2 mm；叶扁平或多少内卷，两面微粗糙或下面平滑，长 5 ～ 25 cm，宽 2 ～ 6 mm。

花：圆锥花序长 10 ～ 30 cm，分枝和主轴均微粗糙；小穗多带紫色，长 2 ～ 4 mm，具 3 ～ 7 小花；颖不等长，1 脉，脊粗糙，第一颖较短而狭窄；外稃先端无毛或下部有微毛，第一外稃长 1.5 mm；内稃稍短于外稃；花药长 0.5 mm。

果：颖果长圆球形，长约 1 mm。

花果期：花果期 8—11 月。

分布与生境：分布于我国中南部地区。多生长于潮湿地区。

价值：可作牧草；可药用，有泻下逐水、破血通经等功效，是生产中药妇科千金片的主要原料。

甘蔗 *Saccharum officinarum*

别名：薯蔗、糖蔗、黄皮果蔗

属名：甘蔗属

识别特征：

株：多年生高大实心草本。高 3 ～ 6 m。

茎：根状茎粗壮发达；秆高 3 ～ 6 m，具 20 ～ 40 节，下部节间较短而粗大，被白粉。

叶：叶鞘长于其节间，除鞘口具柔毛外余无毛；叶舌极短，生纤毛；叶片长达 1 m，宽 4 ～ 6 cm，无毛，中脉粗壮，白色，边缘具锯齿状粗糙。

花：圆锥花序大型，长 50 cm 左右，主轴除节具毛外余无毛，在花序以下部分不具丝状柔毛；总状花序多数轮生，稠密；总状花序轴节间与小穗柄无毛；小穗线状长圆形，长 3.5 ～ 4 mm；基盘具长于小穗 2 ～ 3 倍的丝状柔毛。

花果期：花期 4—8 月，果期 5—9 月。

分布与生境：多分布于南方地区。生于山坡石砾质草地、草原、沙丘及沿河流两岸的沙地。

价值：含有丰富的糖分及营养物质，可制成蔗糖酯、果葡糖浆等；可药用，具下气和中、助脾气、利大肠、消痰止渴等功效；烧灰存性，研末，可治小儿头疮白秃，频涂可愈；可搭配萝卜、粟米等制作食物。

香蒲科 Typhaceae

水烛 *Typha angustifolia*

别名：蜡烛草、水蜡烛、狭叶香蒲

属名：香蒲属

识别特征：

株：多年生，沼生或水生草本。高 1.5 ~ 2.5 m。

茎：根状茎乳黄色或灰黄色，先端白色；地上茎直立，粗壮。

叶：长 54 ~ 120 cm，宽 0.4 ~ 0.9 cm，上部扁平，中部以下腹面微凹，背面向下逐渐隆起，下部横切面呈半圆形，细胞间隙大，呈海绵状；叶鞘抱茎。

花：花单性，雌雄同株，花序穗状；雌雄花序相距 2.5 ~ 6.9 cm；雄花序轴具褐色扁柔毛，单出或分叉，叶状苞片 1 ~ 3 层，花后脱落；雌花序长 15 ~ 30 cm，基部具 1 层叶状苞片，通常比叶片宽，花后脱落；雄花由 3 枚雄蕊合生，有时 2 枚或 4 枚组成；雌花具小苞片；孕性雌花柱头窄条形或披针形，长约 1.3 ~ 1.8 mm，子房纺锤形，具褐色斑点，子房柄纤细；不孕雌花子房倒圆锥形。

果：小坚果长椭圆形，长约 1.5 mm，具褐色斑点，纵裂。

种子：深褐色，长约 1 ~ 1.2 mm。

花果期：花果期 6—9 月。

分布与生境：分布于黑龙江、辽宁、河北、山东、甘肃、新疆、江苏、湖北、云南、台湾等地。生于湖泊、河流、池塘浅水处，可在水深达 1 m 或更深处生存，沼泽、沟渠亦常见。

价值：可作为野生蔬菜食用；可药用，有凉血止血、活血消瘀等功效；叶片为编织、造纸原料；蒲绒可作填充物；观赏；污水净化。

莎草科 Cyperaceae

香附子 *Cyperus rotundus*

别名：香头草、梭梭草、金门莎草

属名：莎草属

识别特征：

株：多年生草本。高 15 ~ 95 cm。

茎：具匍匐的长根状茎和黑色、坚硬的椭圆形块茎；秆散生，直立，锐三棱形，稍细弱，平滑，基部呈块茎状。

叶：较多，基生，短于秆，宽 2 ~ 5 mm，平张，有光泽；叶销棕色，常裂成纤维状。

花：长侧枝聚伞花序简单或复出，穗状花序陀螺形，稍疏松；小穗斜展，线形，长 1 ~ 3 cm，具 8 ~ 28 朵花；小穗轴具较宽、白色透明的翅；鳞片稍密，覆瓦状排列，膜质，卵形或长圆状卵形，中间绿色，两侧紫红或红棕色。

果：小坚果长圆状倒卵形或三棱形，暗褐色，具细点。

花果期：花果期 5—11 月。

分布与生境：分布于我国各地。生于山坡荒地草丛中或水边潮湿处。

价值：地下根茎具有理气解郁、调经止痛等功效，主要用于治疗肝郁气滞、消化不良、月经不调、经闭痛经等症；不同炮制方法还具有消积止痛、通络止痛、止血等功效。

碎米莎草 *Cyperus iria*

别名：三方草

属名：莎草属

识别特征：

株：一年生草本。高 8 ~ 85 cm，无根状茎。

茎：秆丛生，细弱或稍粗壮，扁三棱状，基部具少数叶。

叶：短于秆，宽 2 ~ 5 mm，平展或折合；叶鞘短，红棕或紫棕色；叶状苞片 3 ~ 5，下部的 2 ~ 3 片较花序长。

花：长侧枝聚伞花序复出，具 4 ~ 9 个辐射枝，辐射枝最长达 12 cm，每个辐射枝具 5 ~ 10 个穗状花序；穗状花序于长侧枝组成复出聚伞花序，卵形或长圆状卵形，长 1 ~ 4 cm，具 5 ~ 22 个小穗；小穗松散排列，斜展，长圆形至线状披针形，长 4 ~ 10 mm；鳞片疏松排列，宽倒卵形；雄蕊 3；柱头 3。

果：小坚果倒卵形或椭圆形，三棱形，与鳞片等长，褐色，具密的微突起细点。

根：具须根。

花果期：花果期 6—10 月。

分布与生境：分布于我国各地。生于田间、山坡、旱地、稻田、路旁阴湿处。

价值：具有生物源农药开发利用价值。

具芒碎米莎草 *Cyperus microiria*

别名：黄颖莎草

属名：莎草属

识别特征：

株：一年生草本。高 20 ～ 50 cm。

茎：杆丛生，锐三棱形，稍细，平滑，基部具叶。

叶：短于秆，宽 2.5 ～ 5 mm；叶鞘较短，红棕色。

花：叶状苞片 3 ～ 4，长于花序；穗状花序卵形或宽卵形或近于三角形，长 2 ～ 4 cm，具多数小穗；小穗排列稍稀，斜展，线形或线状披针形，长 6 ～ 15 mm；小穗轴直，具白色透明的狭边；雄蕊 3，花药长圆形；花柱极短，柱头 3。

果：小坚果长圆状倒卵形，三棱形，与鳞片近等长，深褐色，密被微突起细点。

根：具须根。

花果期：花果期 8—10 月。

分布与生境：分布于我国各地。生于山坡、河岸边、路旁或草原湿处。

价值：用于生态池装饰；可药用，有利湿通淋、行气活血之功效，可治疗风湿骨病。

头状穗莎草 *Cyperus glomeratus*

别名：喂香壶、状元花、三轮草

属名：莎草属

识别特征：

株：一年生草本。高 50 ~ 95 cm。

茎：秆散生，粗壮，钝三棱形，平滑，基部稍膨大，具少数叶。

叶：短于秆，宽 4 ~ 8 mm，边缘不粗糙；叶鞘长，红棕色。

花：叶状苞片 3 ~ 4，较花序长，边缘粗糙；复出长侧枝聚繖花序具 3 ~ 8 个辐射枝，最长达 12 cm；穗状花序无总花梗，近于圆形、椭圆形或长圆形，长 1 ~ 3 cm；小穗多列，紧密排列，线状披针形或线形，稍扁，长 0.5 ~ 1 cm，宽 1.5 ~ 2 mm，具 8 ~ 16 朵花；小穗轴具白色透明翅；鳞片疏松排列，近长圆形，先端钝，长约 2 mm，膜质，红棕色，脉不明显，边缘稍内卷；雄蕊 3，花药短，长圆形；花柱长，柱头 3。

果：小坚果长圆形，三棱形，长为鳞片 1/2，灰色，具网纹。

根：具须根。

花果期：花果期 6—10 月。

分布与生境：分布于黑龙江、吉林、辽宁、河北、河南、山西、陕西、甘肃等地。生于水边沙土上或路旁阴湿的草丛中。

价值：观赏。

水葱 *Schoenoplectus tabernaemontani*

别名：莞草、水丈葱、冲天草

属名：水葱属

识别特征：

株：多年生草本。高 1 ～ 2 m。

茎：匍匐的根状茎粗壮；秆高大，圆柱状，平滑。

叶：秆基部叶鞘 3 ～ 4，鞘长可达 38 cm，管状，膜质，最上部叶鞘具叶片；叶片线形，长 1.5 ～ 11 cm。

花：苞片 1，钻状，直立，常短于花序；长侧枝聚伞花序简单或复出，假侧生，具 4 ～ 13 或更多个辐射枝；小穗卵形或长圆形，具多数花；鳞片椭圆形或宽卵形，膜质，长约 3 mm。

果：小坚果倒卵形或椭圆形，双凸状，少有三棱形，长约 2 mm。

根：有许多须根。

花果期：花果期 6—9 月。

分布与生境：分布于东北、内蒙古、陕西、新疆、河北、江苏等地。生于湖边、水边、浅水泽地或湿地草丛中。

价值：用于污水处理，可除去污水中的有机物、氨氮、磷酸盐及重金属等污染物质；观赏。

列当科 Orobanchaceae

列当 *Orobanche coerulescens*

别名：独根草、兔子拐棍、草苁蓉、山苞米

属名：列当属

识别特征：

株：两年或多年生寄生草本。高 15 ～ 40 cm，全株密被蛛丝状长绵毛。

茎：直立，不分枝，具明显的条纹，基部常稍膨大，粗壮，暗黄褐色。

叶：卵状披针形，长 1.5 ～ 2 cm，连同苞片、花萼外面及边缘密被蛛丝状长绵毛；叶干后黄褐色。

花：花多数，排列成穗状花序，长 10 ～ 20 cm，顶端钝圆或呈锥状；苞片与叶同形，近等大，无小苞片；花萼 2 深裂达近基部，每裂片中部以上再 2 浅裂，小裂片狭披针形；花冠弯曲，二唇形，深蓝、蓝紫或淡紫色，长 2 ～ 2.5 cm，筒部在花丝着生处稍上方缢缩，口部稍扩大；上唇 2 浅裂，下唇 3 中裂，具不规则小圆齿：雄蕊 4，花丝被长柔毛，花药无毛；子房椭圆体状或圆柱状，常无毛。

果：蒴果卵状长圆形或圆柱形，长约 1 cm。

种子：多数，干后黑褐色，不规则椭圆形或长卵形，长约 0.3 mm，表面具网状纹饰，网眼底部具蜂巢状凹点。

根：肥厚。

花果期：花期 4—7 月，果期 7—9 月。

分布与生境：分布于东北、华北、西北地区以及山东、湖北等地。生于山坡石砾质草地、草原、沙丘及沿河流两岸的砂地。

价值：可药用，有补肾、强筋之功效。

无患子科 Sapindaceae

元宝槭 *Acer truncatum*

别名：槭、平基槭、元宝树

属名：槭属

识别特征：

株：落叶乔木。高达 10 m。

茎：树皮灰褐色或深褐色，深纵裂。

枝：小枝无毛，当年生枝绿色，多年生枝灰褐色，具圆形皮孔；冬芽小，卵圆形；鳞片锐尖，外侧微被短柔毛。

叶：对生，5（7）深裂，长 5 ～ 12 cm，宽 8 ～ 12 cm，裂片三角状卵形，长 3 ～ 5 cm，基部平截，稀微心形，全缘；幼叶下面脉腋具簇生毛；基脉 5，掌状；叶柄长 3 ～ 13 cm，无毛，稀嫩时顶端被短柔毛。

花：伞房花序顶生，长 5 cm；花黄绿色，杂性，雄花与两性花同株；花梗细瘦，长约 1 cm，无毛；萼片 5，黄绿色，长圆形，先端钝形；花瓣 5，黄或白色，矩圆状倒卵形，长 5 ～ 7 mm；雄蕊 8，着生于花盘内缘，花药黄色，花丝无毛；子房嫩时有黏性，无毛，柱头反卷，微弯曲。

果：小坚果果核扁平，长 1.3 ～ 1.8 cm，脉纹明显，基部平截或稍圆，翅矩圆形，常与果核近等长，两翅成钝角。

花果期：花期 4 月，果期 8 月。

分布与生境：分布于吉林、辽宁、内蒙古、河北、山西、山东、江苏北部、河南、陕西及甘肃等地。生于疏林中。

价值：用作庭园绿化和行道树；种子含油丰富，可作工业原料；种仁油富含多种人体必需脂肪酸和脂溶性维生素，具有极高的保健作用；木材细密可制造各种特殊用具，并可作建筑材料。

紫葳科 Bignoniaceae

梓 *Catalpa ovata*

别名: 梓树、木角豆、水桐楸

属名: 梓属

识别特征:

株：高大落叶乔木。高达 15 m，树冠伞形，主干通直。

枝：嫩枝具稀疏柔毛。

叶：对生，有时轮生，阔卵形，长宽近相等，长约 25 cm，顶端渐尖，基部心形，常 3 浅裂；叶片上面及下面均粗糙，微被柔毛或近于无毛；侧脉 4 ~ 6 对，基部掌状脉 5 ~ 7 条；叶柄长 6 ~ 18 cm。

花：顶生圆锥花序，花萼蕾时圆球形，长 12 ~ 28 cm；花冠钟状，淡黄色，内具 2 黄色条纹及紫色斑点，长约 2.5 cm；能育雄蕊 2，退化雄蕊 3；子房上位，棒状；花柱丝形，柱头 2 裂。

果：蒴果线形，下垂，长 20 ~ 30 cm，粗 5 ~ 7 mm。

种子：种子长椭圆形，长 6 ~ 8 mm，两端具有平展的长毛。

花果期：花期 4—8 月，果期 5—9 月。

分布与生境: 多分布于东北、华北等北方地区。多栽培于村庄附近及公路两旁，野生不常见。

价值: 用于绿化；木材白色稍软，可做家具，制琴底；嫩叶可食；叶或树皮作农药，可杀稻螟、稻飞虱；果实（梓实）入药，可作利尿剂，治肾脏病、肾气膀胱炎、肝硬化、腹水等症；根皮（梓白皮）亦可入药，可消肿毒，外用煎洗治疥疮。

卫矛科 Celastraceae

白杜 *Euonymus maackii*

别名：丝绵木、桃叶卫矛、明开夜合

属名：卫矛属

识别特征：

株：落叶小乔木。高达 6 m。

枝：小枝圆柱形。

叶：对生，卵状椭圆形、卵圆形或窄椭圆形，长 4 ～ 8 cm，宽 2 ～ 5 cm，先端长渐尖，基部宽楔形或近圆，边缘具细锯齿，有时深而锐利，侧脉 6 ～ 7 对；叶柄细长，有时较短。

花：聚伞花序有 3 至多花；花序梗微扁，长 1 ～ 2 cm；花 4 数，淡白绿或黄绿色，径约 8 mm；花萼裂片半圆形；花瓣长圆状倒卵形；雄蕊生于 4 圆裂花盘上，花丝长 1 ～ 2 mm，花药紫红色；子房四角形，4 室，每室 2 胚珠。

果：蒴果倒圆心形，4 浅裂，径 0.9 ～ 1 cm，熟时粉红色。

种子：棕黄色，长椭圆形，长 5 ～ 6 mm；假种皮橙红色，全包种子，成熟后顶端常有小口。

花果期：花期 5—6 月，果期 9 月。

分布与生境：除陕西、我国西南和广东、广西未见野生外，其他地区均有野生分布。生于堤岸、河岸路边。

价值：器具及细工雕刻用材料；树皮可提炼橡胶；种子含油率达 40% 以上，可用于工业。

胡桃科 Juglandaceae

枫杨 *Pterocarya stenoptera*

别名：麻柳、蜈蚣柳

属名：枫杨属

识别特征：

株：落叶乔木。高达 30 m，胸径达 1 m；幼树树皮平滑，浅灰色，老时则深纵裂。

枝：小枝灰色至暗褐色，具灰黄色皮孔；裸芽具柄，常几个叠生，密被锈褐色腺鳞。

叶：偶数或稀奇数羽状复叶，长 8 ～ 16 cm（稀达 25 cm），叶柄长 2 ～ 5 cm，叶轴具窄翅；小叶 10 ～ 16（稀 6 ～ 25），无柄，长椭圆形或长椭圆状披针形，先端短尖，基部楔形至圆，具内弯细锯齿。

花：雄性葇荑花序长约 6 ～ 10 cm，单独生于去年生枝条上叶痕腋内，花序轴常有稀疏的星芒状毛，雄花常具 1（稀 2 或 3）枚发育的花被片，雄蕊 5 ～ 12 枚；雌性葇荑花序顶生，长 10 ～ 15 cm，花序轴密被星状毛及单毛，苞片无毛或近无毛。

果：果序长 20 ～ 45 cm，果序轴常被毛；果实长椭圆形，长 6 ～ 7 mm，基部被星状毛；果翅条状长圆形，长 1.2 ～ 2 cm，宽 3 ～ 6 mm，具近于平行的脉。

根：主根明显，侧根发达。

花果期：花期 4—5 月，果期 8—9 月。

分布与生境：分布于我国各地。生于溪涧河滩、阴湿山坡地的林中。

价值：可作园庭树或行道树；树皮和枝皮可提取栲胶，亦可作纤维原料；果实可作饲料和酿酒；种子可榨油；因材质轻软，可用作建筑、桥梁、家具、农具以及人造棉原料；可药用，皮可清热解毒、祛风止痛，叶可治烂疮、火灼、痢疾，止血杀菌，果可治疗溃疮；茎皮及树叶煎水或捣碎制成粉剂，可作杀虫剂。

漆树科 Anacardiaceae

火炬树 *Rhus typhina*

别名：鹿角漆、火炬漆、加拿大盐肤木

属名：盐麸木属

识别特征：

株：落叶灌木或小乔木。高达 10 m，树形不整齐。

枝：小枝粗壮，红褐色，密生绒毛。

叶：奇数羽状复叶，小叶 19 ～ 23，长椭圆状披针形，长 5 ～ 12 cm，缘有锐锯齿，先端长渐尖，基部圆形或宽楔形；上面深绿色，下面苍白色；两面有茸毛，老时脱落，叶轴无翅。

花：圆锥花序顶生、密生茸毛；花淡绿色；雌花花柱宿存，密集成火炬形，有红色刺毛。

果：核果深红色，密生绒毛。

花果期：花期 6—7 月，果期 9—10 月。

分布与生境：多分布于东北南部、华北、西北等地。喜光、耐寒，对土壤适应性强，耐干旱瘠薄、水湿和盐碱。

价值：用于干旱瘠薄山区造林绿化、护坡固堤及封滩固沙，或园林中丛植。

伞形科 Apiaceae

蛇床 *Cnidium monnieri*

别名： 山胡萝卜、蛇米、蛇粟、蛇床子

属名： 蛇床属

识别特征：

株：一年生草本。高 10 ~ 60 cm。

茎：直立或斜上，多分枝，中空，表面具深条棱，粗糙。

叶：下部叶具短柄，叶鞘宽短，边缘膜质，上部叶柄鞘状；叶卵形或三角状卵形，长 3 ~ 8 cm，2 ~ 3 回羽裂，羽片轮廓卵形至卵状披针形，长 1 ~ 3 cm；裂片线形或线状披针形，长 0.3 ~ 1 cm，具小尖头，边缘及脉上粗糙。

花：复伞形花序径 2 ~ 3 cm；总苞片 6 ~ 10，线形，长约 5 mm，边缘具细睫毛；伞辐 8 ~ 20，不等长，长 0.5 ~ 2 cm，小总苞片多数，线形，长 3 ~ 5 m，边缘具细睫毛；小花 15 ~ 20；花瓣白色，先端具内折小舌片；花柱基垫状，花柱稍弯曲。

果：分生果长圆形，长 1.5 ~ 3 mm，径 1 ~ 2 mm，横剖面近五边形，5 棱均扩大成宽翅；每棱槽内油管 1，合生面油管 2；胚乳腹面平直。

根：圆锥状，较细长。

花果期：花期 4—7 月，果期 6—10 月。

分布与生境： 分布于我国各地。生于田边、路旁、草地及河边湿地。

价值： 果实入药，有散寒祛风、温肾助阳、燥湿、杀虫、止痒之功效。

鸭跖草科 Commelinaceae

鸭跖草 *Commelina communis*

别名：淡竹叶、竹叶菜、鸭趾草

属名：鸭跖草属

识别特征：

株：一年生披散草本。

茎：匍匐生根，多分枝，长达 1 m，下部无毛，上部被短毛。

叶：披针形或卵状披针形，长 3 ～ 9 cm，宽 1.5 ～ 2 cm。

花：聚伞花序，下面一枝仅有花 1 朵，具长 8 mm 的梗，不孕；上面一枝具花 3 ～ 4 朵，具短梗，几乎不伸出佛焰苞；花梗花期长 3 mm，果期弯曲，长不及 6 mm ；萼片膜质，长约 5 mm，内面两枚常靠近或合生；花瓣深蓝色，内面两枚具爪，长约 1 cm。

果：蒴果椭圆形，长 5 ～ 7 mm，2 室，2 爿裂。

种子：4 粒，长 2 ～ 3 mm，棕黄色，一端平截，腹面平，有不规则窝孔。

花果期：花期 4—8 月，果期 5—9 月。

分布与生境：分布于云南、四川、甘肃以东的南北各地。湿地中较为常见。

价值：可药用，有清热、解毒、利尿等功效，为消肿利尿、清热解毒之良药，睑腺炎（麦粒肿）、咽炎、扁桃腺炎、宫颈糜烂、腹蛇咬伤有良好疗效。

鼠李科 Rhamnaceae

酸枣 *Ziziphus jujuba* var. *spinosa*

别名：山枣树、硬枣、角针、酸枣树

属名：枣属

识别特征：

株：落叶灌木或小乔木。高 1 ～ 4 m。

枝：小枝呈“之”字形弯曲，紫褐色，具两个托叶刺；短枝短粗，矩状，自老枝发出；当年生小枝绿色，下垂，单生或 2 ～ 7 个簇生于短枝上。

叶：互生，叶片椭圆形至卵状披针形，纸质，长 1.5 ～ 3.5 cm，边缘有细锯齿；上面深绿色，无毛，下面浅绿色，无毛或仅沿脉多少被疏微毛；基部三出脉；叶柄长 1 ～ 6 mm，或在长枝上的可达 1 cm，无毛或有疏微毛。

花：黄绿色，5 基数，无毛，具短总花梗，单生或 2 ～ 3 朵簇生于叶腋成聚伞花序；花梗长 2 ～ 3 mm；萼片卵状三角形；花瓣倒卵圆形，基部有爪，与雄蕊等长；花盘厚，肉质，圆形，5 裂；子房下部藏于花盘内，与花盘合生，2 室。

果：核果小，近球形或短矩圆形，长 0.7 ～ 1.2 cm，熟时红褐色；具薄的中果皮；味酸，核两端钝。

花果期：花期 6—7 月，果期 8—9 月。

分布与生境：分布于我国各地。生于山区、丘陵或平原、野生山坡、旷野或路旁等处。

价值：可食用；种仁入药，有养肝、宁心、安神、敛汗之功效，可用于失眠等症的治疗。

主要参考文献

韩广轩，吕卷章，张孝帅，等 . 黄河三角洲自然湿地高等植物图志 [M]. 济南：山东科学技术出版社，2020.

王茂剑，马元庆 . 渤海山东海域海洋保护区生物多样性图集——陆生植被 [M]. 北京：海洋出版社，2017.

中国科学院中国植物志编辑委员会 . 中国植物志 [M]. 北京：科学出版社，1959—2004.

中文名索引

Index to Chinese Name

拉丁名索引

Index to Scientific Name